# 世界

## 原來離我們這麼近

# SDGs

## 愛地球
## 行動指南

監修：池上彰　　翻譯：李彥樺　　審訂：何昕家

# 前言

　　近年來，我們常會在生活中看見**SDGs**這個名詞。它的意思是「永續發展目標」，意味著全世界的人攜手合作，讓地球變成一個住起來更加舒適愉悅的環境。

　　舉例來說，因為全球暖化，世界各地變得越來越炎熱，海水溫度逐漸升高，肆虐各國的颱風也越來越強大。如果持續這麼下去，每年可能會出現「超級強颱」，建築物倒塌和河川氾濫的情況也會比現在更嚴重，到時候我們很可能無法維持過去的生活模式，也就是說「無法永續發展」。所謂「永續發展」，指的是即使到了兒孫那一輩，地球依然擁有豐富的大自然環境，每個人都能擁有潔淨的飲水，過著健康快樂的生活。

　　如今世界上還有許多人生活在貧窮之中。這些人可能會爭奪農田、可能會為了奪取飲用水而發生戰爭，像這樣的狀態就不算是「永續發展」。

民眾沒有潔淨的水可以喝，可能就會生病。試想，這些人如果感染了傳染病，會發生什麼狀況呢？現代人只要搭飛機，就可以在很短的時間裡前往世界上的任何角落，如果感染傳染病的人搭上飛機，來到我們的國家，你和你的家人、朋友都可能遭到感染。

相信你應該很清楚水對我們有多麼重要，以及疾病有多麼可怕。為什麼你會知道這些事？是因為你接受了學校教育。然而在這個世界上，有非常多的孩子沒有辦法接受良好的學校教育，這些孩子可能會因為沒有正確的衛生觀念，造成傳染病一再流行，因此協助開發中國家擴增教育資源，對我們也有幫助，畢竟這個世界是相連的，世界上的任何事情都和我們息息相關。

只要這麼想，就會明白那些「發生在遙遠國家的問題」，其實就是發生在你我身邊的問題。希望你能藉由閱讀這本書的機會，好好想一想，該怎麼做才能讓我們生活的世界更加美好。

2019年12月

媒體工作者　池上彰

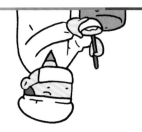

# 目次

前言 .......................................... 2

目次 .......................................... 4

什麼是SDGs？ .......................................... 6

一起思考SDGs的問題：池上彰SDGs特別課程 .......................................... 11

1 理解什麼是[貧窮] .......................................... 19

2 理解什麼是[飢餓] .......................................... 25

3 理解什麼是[健康] .......................................... 31

4 理解什麼是[教育] .......................................... 37

5 理解什麼是[社會性別] .......................................... 43

6 學習關於[水資源]的知識 .......................................... 49

7 學習關於[能源]的知識 .......................................... 55

8 理解什麼是[人性化的工作] .......................................... 61

9　理解什麼是〔**基礎建設**〕　　　　67

10　理解什麼是〔**公平**〕　　　　73

11　學習關於〔**城鄉差距**〕的知識　　　　79

12　學習關於〔**消費和生產**〕的知識　　　　85

13　理解什麼是〔**氣候變遷**〕　　　　91

14　學習關於〔**海洋環境**〕的知識　　　　97

15　理解什麼是〔**生物多樣性**〕　　　　103

16　學習關於〔**和平和公正**〕的知識　　　　109

17　理解什麼是〔**夥伴關係**〕　　　　115

重要關鍵字　　　　122

尋找臺灣**SDGs**蹤跡　　　　124

索引　　　　126

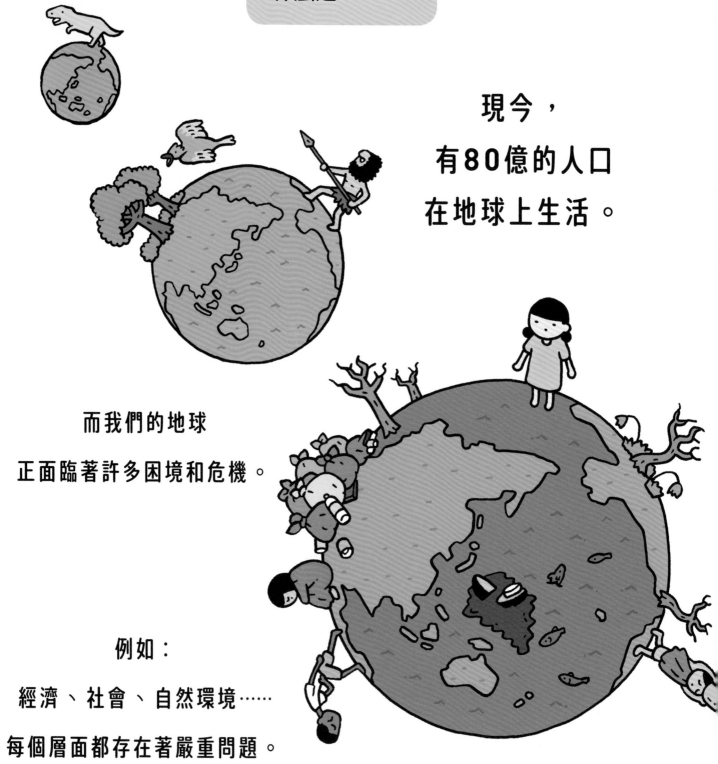

現今，
有**80億的人口**
在地球上生活。

而我們的地球
正面臨著許多困境和危機。

例如：

經濟、社會、自然環境……
每個層面都存在著嚴重問題。

為了解決這些問題，

聯合國*在2015年訂定了「永續發展目標

（Sustainable Development Goals）」，

簡稱「SDGs」。

*聯合國：縮寫為UN，成立於1945年，是一個以追求和平、經濟、社會、文化等各方面國際合作為目標的國際組織。

什麼是SDGs？

**17** 促進目標實現的夥伴關係

**16** 和平、正義與健全的制度

**15** 保育陸域生態

**14** 保育海洋生態

**1** 終結貧窮

**13** 氣候行動

**2** 消除飢餓

**12** 負責任的消費與生產模式

SDGs設定了17個

希望在2030年之前實現的目標，

這些目標都有助於

我們的世界永續發展。

**3** 健康與福祉

**11** 永續城市與社區

在聯合國SDGs議程的一開頭，

寫著一段振奮人心的話──

**4** 優質教育

**10** 減少不平等

**5** 性別平權

**6** 潔淨飲水與衛生設施

**7** 可負擔的潔淨能源

**8** 合適工作與經濟成長

**9** 產業創新與基礎建設

「在這段集體走向未來的路上，
我們承諾絕不讓任何人脫隊！」

"As we embark on this collective journey,
we pledge that no one will be left behind."

這句話意味著

所有過著「平凡」生活的人，

都應該再次檢視自己的生活，

就會發現為了讓世界所有人都能跟上，

即便是再怎麼富裕的國家，

眼前也存在著各種問題。

SDGs並非只和「開發中國家」

以及「國際社會的活躍人士」有關。

任何翻開這本書的讀者，

都可以為SDGs貢獻一己之力。

當你透過SDGs來看我們的世界，

相信你一定能夠更加看清這個社會的現實，

和我們應該努力的方向。

了解SDGs，

是讓世界變得更美好的第一步。

# 池上彰
# ＳＤＧｓ特別課程

為了配合本書的編纂作業，池上彰在2019年10月，

於日本東京都市谷「JICA地球廣場」舉辦了這場特別課程。

參加課程的5名孩子，原本都不知道什麼是**SDGs**，

課程結束之後，他們的心裡有了什麼感想？產生什麼目標呢？

池上：這個課程，想要和大家討論關於「SDGs」這個話題，內容不只是關於我們居住的日本，而是整個世界的事。

首先，SDGs的意思是「永續發展目標」。這個世界上的每個國家，雖然可能在很多事情上互相對立，但大家都是這個地球的居民，因此所有的國家共同訂定了17個目標，希望能夠在2030年之前實現，簡單來說，這就是SDGs的意義。

今天我們上課的地方，是「JICA地球廣場」。這個地方最近正好在舉辦關於垃圾問題的展覽，垃圾問題和SDGs也有著很大的關係，讓我們一邊觀看展覽，一邊討論吧！

# 1 垃圾問題和食物耗損

各位小朋友，你們知道要怎麼做垃圾的分類嗎？

● 孩子：分成可燃垃圾、不可燃垃圾，以及能夠回收的垃圾？

唔，雖然不能算錯，但是這樣似乎有些太籠統了（笑）。

首先，我們來看這個展覽品。這裡有4個垃圾袋，只要把垃圾袋放在量秤上，就可以知道國名和該國民眾每人每星期製造的垃圾量。你們猜一猜日本是哪一個？

● 應該是這個吧？

噢，你選擇了最大的垃圾袋，15.5公斤……這是美國。猜一猜日本和美國差多少？

● 這個！

來，放上去看看。6.7公斤……日本的確是這個沒錯。另外剩下的兩個是阿根廷8.0公斤，布吉納法索2.7公斤。

富裕的國家和正在開發中的國家，通常垃圾量

會比較多。然而像日本這樣積極推動資源回收和垃圾分類的國家，垃圾量就會少一些。

### ● 日本真厲害！

但我覺得日本的垃圾量應該還可以減得更少。你們知道食物耗損嗎？意思是明明還能吃的食品，卻被當成垃圾丟掉了，例如便利商店賣的食品，只要接近保存期限就會被丟掉。如果我們不丟掉這麼多的即期食品，讓這些製造出來的食物都能被食用，不僅可以減少全世界的垃圾問題，甚至還能解決飢餓問題。

事實上日本的食物耗損，有45％來自於家庭，例如把食物忘在冰箱深處，讓它們過了保存期限，或者放到忘記，又買了同樣的食品。你們有沒有發生過類似的狀況？其實只要經常確認冰箱裡有什麼東西，就可以防止食物耗損。這是大家在日常生活中可以馬上做到的事情。

## 2 以「4R」來減少塑膠垃圾

接下來，我們談一談塑膠的問題。

### ● 丟在海裡的塑膠，是不是會被魚類和海龜吃掉？

沒錯！不過根據最近的研究，有些塑膠並不是一開始就被丟到海裡，而是跟著河川流進了大海。可能是有人把塑膠垃圾直接丟進河川，或棄置路邊，結果被風吹進了河裡，這些塑膠垃圾最後都會進入海中。

許多魚類、海龜或海鳥可能不知道那是不能吃的東西，而把這些塑膠吃進了肚子裡，因為塑膠沒有辦法分解，所以一直殘留在胃中。

還有，當塑膠受到太陽光直接照射，會碎裂成非常小的碎塊，魚可能會把這些塑膠碎塊吞進肚子，那麼最終誰會把魚吃掉……？

### ● 人類！

沒錯，所以塑膠垃圾問題，最後會危害到我們人類本身。

因此現在有越來越多超級市場開始採行塑膠袋收費制度，對吧？其實中國已經全面禁止使用塑膠袋，歐洲也有相當多國家開始禁止，美國和加拿大也有部分地區禁止使用塑膠袋了，可是日本還停留在推廣使用環保購物袋的階段，這樣真的好嗎？

自從環保問題受到重視之後，世界各國都研發出新型態的購物袋，這裡也展示其中的一些種類。塑膠的最大問題，就是無法被分解。但像這種購物袋是以「生物可分解塑膠」材料製造出來的，所以能夠回歸大自然。你們知道這種購物袋的原料是什麼嗎？提示是這個東西可以放在飲料裡面，最近非常流行……

### 我知道了！珍珠奶茶裡的珍珠！

答對了！就是珍珠奶茶的珍珠，原料是木薯。這種可分解的購物袋上，印著「I AM NOT PLASTIC」，意思是「我不是塑膠」，因為它是用木薯製造出來的，所以不會破壞環境。

另外，你們知道嗎？最常流進海裡的塑膠垃圾，其實是吸管，所以也有很多人正在研發紙吸管或木頭吸管。

學校曾經教過你們認識「3R」嗎？這三個R分別是Reduce（減少）、Reuse（重複使用）和Recycle（回收再利用）。事實上最近又多了一個R，那就是Refuse，也就是「拒絕」的意思，例如消費者如果都拒絕使用最終會變成垃圾的塑膠袋，這麼一來，從源頭就大量減少垃圾量。

木頭吸管

## 3 水資源問題和教育的關係

接下來的主題是水資源。在日本，我們只要打開水龍頭就會有水流出來，而且喝了那些水也不會肚子痛，但是住在開發中國家的人，就沒有那麼方便了。有些國家沒有自來水，甚至還有些國家連可以用來打水的井也沒有，你們知道那些國家的人想要用水該怎麼辦嗎？

### 到河邊打水？

沒錯，小孩子可能要走好幾公里的路，翻山越嶺到河邊或有湧泉的地方打水。他們必須提著沉重的水桶，在住家和水源地之間來回好幾趟，就沒有時間上學。

這會對孩子的生活造成什麼影響？沒辦法上學，就無法「閱讀和書寫」和「學到正確的衛生觀念」。舉例來說，當這樣的孩子長大之後，並有了

下一代，而他們的孩子生病發燒時，父母可能會給孩子喝沒有消毒過的水。這麼一來，或許會引發孩子腹瀉，陷入脫水狀態。想讓孩子補充水分，又擔心喝下髒水，這狀況讓父母進退兩難，所以開發中國家有很多孩子的死因是腹瀉。相信你們也很想讓這樣的悲劇從世界上消失吧？這些國家，就算無法擁有完善的自來水系統，至少也應該幫人民多挖一些井，讓孩子不用花數小時的時間前往河川或水源地打水，如此孩子就有時間上學，學習到正確的觀念。所以只要解決水資源的問題，許多其他的問題也會跟著改善。

 **現在的SDGs達成率是多少？**

在這一區，我們可以知道全世界各個國家的SDGs達成狀況。面板上亮起的燈光顏色顯示目前的狀況，綠色代表「達成」，黃色代表「還差一點點」，橘色代表「還差很多」，紅色則是「完全不行」。你們想先看哪個國家？

日本在156個國家裡排名第15名。當時展示的是2018年度的達成狀況。到了2019年度，目標2變成了橘色，目標9變成了綠色，目標14變成了橘色。

● **所有孩子：日本！**

好，我們來看日本的狀況。哎呀！達成的只有「教育」呢！

● **為什麼「消除飢餓」是黃色？**

舉你們可能比較熟悉的例子，你們聽過「孩童貧窮問題」嗎？例如在暑假結束後，學生回到學校上課，可能有些孩子看起來會比以前瘦很多。為什麼會這樣？理由就在於暑假沒有營養午餐可以吃。有些孩子的家庭可能沒有窮到完全沒東西吃，但事實上也沒什麼錢，所以無法顧及到孩子的營養均衡。日本有很多這樣的家庭，所以有所謂的「兒童食堂」，就是為了這些因貧窮而無法攝取充足營養的孩子所設立，以免費或極便宜的價格提供餐點給他們吃。

接著，我們來看美國的狀況……哇！一個綠色都沒有，再來看看SDGs達成率第一名的瑞典……

嗯！雖然有很多綠色，但是黃色也很多。因此就算是第一名的國家，也有很多項目沒有達成呢！可見要達成目標有多麼困難，全世界每個國家都在努力著。

最後，我們來說明SDGs的17個目標。

# 5 把SDGs當成自己的事

### ❶終結貧窮

### ❷消除飢餓

貧窮還可以分為「絕對貧窮」和「相對貧窮」。前者的意思是和全世界所有人相比較的貧窮，後者的意思則是和國內其他人相比較的貧窮。舉例來說，日本的貧窮問題和貧富差距問題也很嚴重，所以全國各地都有「兒童食堂」和免費教育課程。雖然消除絕對貧窮很重要，但是減少有錢人和窮人的差距也很重要。

### ❸健康與福祉

日本有全民健保的制度，所有的民眾都會投保健康保險。相較之下，美國就不是每個人都有健保。沒有加入健保的人，就算生了重病，可能也沒有辦法到醫院接受治療。醫療保險制度在日本是理所當然的事，但是在世界上的其他國家卻並非如此，所以我們能生活在這裡實在是很幸運。

### ❹優質教育

### ❻潔淨飲水與衛生設施

在日本，到初級中學為止都是義務教育，而且初級中學升高中的比例是99％。但是在世界上，有很多孩子是連小學都沒有辦法讀，理由之一，就是剛剛提到的水資源問題。

只要能夠擁有乾淨的水，其實有很多問題都會跟著解決。在一部分的開發中國家，沖水馬桶並不普及，上廁所的環境可能很不衛生。在我小時候，日本也還有很多那種「抽肥式」的馬桶。大家都希望世界上多一點衛生的沖水馬桶，對吧？

### ❺性別平權

### ❿減少不平等

日本最近被民眾發現某些大學的醫學系入學考試，會故意減少女性上榜者的人數（2018年）。校方的理由是女性就算當上了醫生，也會因為結婚走入家庭或生孩子的關係，沒有辦法一直工作下去。

這樣的想法非常奇怪，完全是在歧視女性，對吧？男生和女生應該相互平等才對。我們沒有辦法選擇自己出生的國家，也沒有辦法選擇自己的性別。正因為如此，更不應該讓自己的國家存在著性別歧視。

**❼可負擔的潔淨能源**

**⓭氣候行動**

生活在日本，我們完全無法想像沒有電的日子要怎麼過，日本的電力大多來自於火力發電，也就是靠燃燒煤炭和石油來產生電力。但是燃燒煤炭和石油會產生大量的二氧化碳，導致氣候變遷。我所說的氣候變遷，主要指的是全球暖化。全球暖化會造成很多影響，例如南極的冰山融化以至於海平面上升，將來可能會有一些島嶼因此沉入海中。

2019年9月，參加了聯合國峰會的葛莉塔‧通貝里（16歲，瑞典人）。
photo by Spencer Platt/Getty Images

這兩年經常引發話題討論的葛莉塔‧通貝里（Greta Ernman Thunberg），她曾經在一場聯合國峰會上演講，強烈呼籲世界各國的領袖針對全球暖化問題採取因應對策。

 **❽合適工作與經濟成長**

經濟成長可以讓一個國家變得富裕，但推動經濟成長的勞工，不應該是在心不甘情不願的情況下工作，因此我們的目標，是創造讓所有的勞工都能快樂工作的環境。

小朋友，你們知道日本的「過勞死」這句話，在全世界相當有名嗎？

「過勞死」這個詞很難翻譯成外國的語言，因為外國人無法理解為什麼有人會因為工作過度而死亡。近年來有很多人開始提倡「勞動改革」，我認為現在正是日本人開始重新思考勞動模式的好時機。

  **❾產業創新與基礎建設**

**⓬負責任的消費與生產模式**

要讓國家變得富裕，必須提供民眾一些工作的環境，因此我們需要各種產業。當產業透過技術創新獲得進一步的發展時，就會產生新的工作。

另一方面，又回到剛剛塑膠的問題。塑膠雖然很便利，但因為無法分解，會讓地球上的垃圾越來越多，這麼一來，我們可能就無法永遠住在這個地球上，所以有人研發出剛剛你們看到的木頭吸管，以及在土壤裡可以被分解的「生物可分解塑膠」。讓環境可以永續，是我們住在地球上所有人的責任。

 **⓫永續城市與社區**

這個目標關係到兩個方面，第一個方面是預防颱風、地震之類的天然災害，第二個方

面則是重視我們的環境問題。近年來常有颱風在日本造成災害，科學家認為那是因為全球暖化導致海水溫度上升的關係。未來我們的城鄉，需要擁有承受這些環境變化的能力。

相信有幾位小朋友已經察覺了，SDGs的目標彼此都是息息相關的。

### ⓮保育海洋生態
### ⓯保育陸域生態

塑膠垃圾不僅會汙染海洋，而且被魚類吃下肚之後還會引發更大的問題。這些魚類後來會被誰吃掉？可能就是我們人類，因此未來我們想要安心吃魚，就一定要保護我們的海洋。

另外，森林是生物食物鏈的主要發生地點，而且樹木能夠吸收二氧化碳，排放出氧氣。下雨時，森林裡的土壤能夠抓住水分，避免發生洪水或土石流之類的災害，所以我們一定要防止森林遭到破壞或沙漠化。

### ⓰和平、正義與健全的制度

這個世界上還有一些國家正在發生戰爭，而當中發生戰爭的原因有些就是為了爭奪水源。換句話說，只要我們能夠改善地球的環境，就能夠減少戰爭的發生。

### ⓱促進目標實現的夥伴關係

最後這個目標是希望所有國家都能夠攜手合作，朝著這17個目標共同努力，讓富裕的國家能夠持續富裕，讓不富裕的國家也能變得富裕。希望到了2030年，你們剛剛所看見的各國達成狀況，能夠比現在要好得多。

說到這裡，我想聽聽各位小朋友的感想。

### ●真的能夠全部達成嗎？我覺得有點擔心

是啊！但不管能不能全部達成，訂定目標是相當重要的第一步，就算沒有辦法全部達成，至少也會比以前好一些。

### ●我也想要在自己做得到的範圍之內，為防止全球暖化做一些事情

你說到了重點，如果太過努力的話，最後可能會彈性疲乏，沒有辦法再持續下去。因此在自己做得到的範圍之內努力，才是永續維持的關鍵。

**1** 終結
貧窮

# 理解什麼是
# ［貧窮］

## 募捐的意義

讓孩子擁有未來

不上學就無法識字

讓貧窮地區的孩子接受教育

讓孩子受教育和自立

請大家幫忙捐款！

幫助國外沒有辦法接受教育的貧窮孩子！

謝謝你！

姐姐，你為什麼要捐錢？

有些孩子窮到沒有辦法上學，不是很可憐嗎？

爸爸媽媽常說我們家很窮，那我也很可憐，捐一點給我吧！

我們家只是窮了點，還不到貧窮的程度啦！

窮和貧窮有什麼不同？

……

我們的國家有貧窮的人嗎？真的會有孩子窮到沒有辦法上學嗎？

在我們國家，每個孩子應該都能受教育。

為什麼有窮人卻每個孩子都可以受教育？我們能夠上學，不是因為爸爸媽媽付了學費嗎？

要是爸爸媽媽突然走了，我們還能去學校嗎？

快別說這種話！我、我想要上學啦！

# 1 終結貧窮

## 消除任何形態和存在於任何角落的貧窮

End poverty in all its forms everywhere

相信有很多小朋友都曾聽父母說過「我們家很窮，不能買那個」之類的話。大部分的小朋友都認為只要長大之後，就能買自己想買的東西，而且只要認真工作，就不用過貧窮的生活。

然而在這個世界上，存在著一些「貧窮地區」，住在這些地區的人可能會因為沒有錢，連維持每天的生計都有困難。或許有些人會認為這些地區的人「只要認真工作，就能脫離貧窮」，但事實上貧窮問題並沒有那麼容易解決。

為什麼消除貧窮會成為世界各國的目標？要怎麼做才能消弭世界上的貧窮，讓大家走向富足？現在我們就來詳細看一看全世界的貧窮問題。

我們的國家乍看之下好像沒有窮人，但其實有些高中生在放學後必須打工才能維持家計呢！

雖然一般人不會注意到，但每個國家都有貧窮問題，不過貧窮這問題絕對不是「努力工作就能解決」。

21

# 日本的貧窮率在世界上算高嗎？

## 1 在日本，貧窮指的是每個月生活費在10萬日圓（約2萬多臺幣）以下

或許有些人會認為一個月的生活費10萬日圓很夠用了，但在日本如果要過獨居生活，一個月的平均支出是16.3萬日圓，相較於10萬日圓，還不足6萬多日圓。

## 2 有15.7%的日本人處於貧窮狀態

這個數字代表著每6個日本人，就有1人處於貧窮狀態。日本的貧窮率在世界上算是相當高，可見很多日本人都很窮，過著相當辛苦的生活。

▶ 相對貧窮P122

參考資料：日本厚生勞働省《平成28年（2016）國民生活基礎調查》

我們家燒掉了，以後怎麼辦？

## 3 貧窮問題和每個人息息相關

貧窮絕對不是只存在於遙遠外國的事，任何人在任何時候都有可能瞬間變得貧窮，例如原本住的房子突然因火災而燒毀，或是父母遭逢意外而過世。因此絕對不能認為「貧窮和自己無關」。

每個月的生活費

平均 **16.3萬日圓**

貧窮 **10萬日圓以下**

參考資料：
日本總務省《平成30年
（2018）家計調查》中的
獨居者數據

飲食 40,026日圓

居住 22,645日圓

水電費 11,847日圓

服飾、鞋子 5,312日圓

家具、家庭用品 4,692日圓

保健醫療 7,175日圓

交通、通訊 21,537日圓

教育、娛樂 18,865日圓

其他 30,734日圓

人口的
**15.7%**
處於貧窮狀態
（每6人中有1人）

別再認為事不關己了……

※2019年主計處調查，臺灣的貧窮率不到1.3%。

# 貧窮是全世界所有人的問題嗎？

非洲撒哈拉
以南地區

南亞

全世界人口的 **10%** 處於貧窮狀態（每10人有1人）

→ **7.3 億人**

參考資料：利用The World Bank "Regional aggregation using 2011 PPP and $1.9/day poverty"，計算出2015年的數字。

50圓 ＞

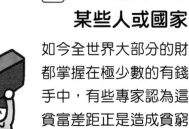

## 1 全世界有10%的人每天的生活費不到1.9美金（約56元臺幣）

地圖上紅色區域的人民，大多數每天的生活費只有50元臺幣左右。這些人的貧窮程度並非只是「比較窮」，而是連生活都成問題。

▶ 絕對貧窮P122

## 2 貧窮並非只是當事人的問題

有些窮人每天必須花很多的時間翻垃圾，找出值錢的東西拿去賣才能勉強填飽肚子，因此「只要認真工作就好了」這種想法，無法幫助他們解決問題。

## 3 財富過度集中某些人或國家

如今全世界大部分的財富都掌握在極少數的有錢人手中，有些專家認為這種貧富差距正是造成貧窮的最大原因。所有的先進國家都應該認真思考貧富不均這個問題。

一天只有56元，
什麼也買不了……

## 1 總結

日本的貧窮和全世界的貧窮雖然在意義上有些不同，但同樣都是相當嚴重的問題。

● 貧窮問題絕對不是「只要工作就能解決」這樣的單純。 ●

如何化解貧富差距過大的現象，是解決貧窮問題的關鍵。

不管是全世界，或是我們的國家，貧窮都是相當嚴重的問題。為了消除貧窮，有什麼是我們能做的呢？以下舉個例子，UNIQLO企業會在店內蒐集一般民眾不穿的舊衣物，捐贈給難民、受災戶等需要幫助的人，早在SDGs受到世人關注之前，UNIQLO企業就已經在推動這樣的活動。從這個例子可以知道，不見得必須捐贈金錢才能幫助他人。就算我們

## 我們也能做到的SDGs

### 以捐贈物資代替金錢

不是有錢人，也不是什麼偉大的發明家，但只要好好愛惜物品，並且參加這樣的活動，還是能夠幫助全世界解決貧窮的問題。調查看看，除了UNIQLO之外，還有什麼企業也在推動類似的活動？

SHARE THE POWER OF CLOTHING
WITH SOMEONE IN NEED. RECYCLE YOUR UNIQLO ITEMS TODAY.

貧窮並不是一種暫時性的現象，它會對許多人的生活和人生造成非常廣泛且漫長的影響。最明顯的例子就是教育，有些人因為沒有錢，無法到學校上課，因此不會閱讀和書寫，也沒辦法習得各種知識和技術，這樣的人當然很難找到工作。結果因為沒有工作，擺脫不了貧窮，形成惡性循環，而且父母的貧窮會對孩子的生活造成非常大的影響。想要解

## 池上老師小教室

### 以教育終止貧窮的惡性循環

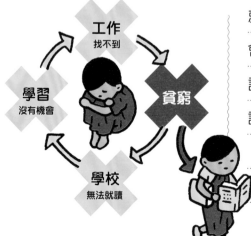

工作
找不到

學習
沒有機會

貧窮

學校
無法就讀

決貧窮問題，關鍵就在於如何將過度集中於少數人或少數國家的財富進行重新分配。舉例來說，如果有人願意出錢興建學校或免費提供課本，讓貧窮的孩子獲得就學的機會，這些孩子長大後就會在社會上更加活躍，同時也會讓更多人能夠工作賺錢。換句話說，如果能夠把錢運用在建立「社會制度」上，或許就能解決世界各國的貧窮問題。

# 理解什麼是 ［飢餓］

# 消除飢餓，達成糧食安全，改善營養和促進永續農業

End hunger, achieve food security and improved nutrition and promote sustainable agriculture

吃營養午餐的時候，愛吃的就一群人拚命搶，不愛吃的就剩下一大堆；有時候和家人在餐廳吃飯，不小心點了太多菜，結果吃不完只好剩下……相信應該很多人經歷過或看過類似的狀況吧？

光是日本這個國家，每年都會有超過600萬公噸「還可以吃的食物」遭到丟棄。每年600萬公噸！這個量相當於每位日本人每天都丟掉1顆飯糰（110公克）。但另一方面，這世界上卻有非常多的人每天都處於「飢餓狀態」。（參考資料：日本環境省網站）

這世界上的食物究竟是太多，還是不夠？為什麼有些人會食物過剩，有些人卻無法填飽肚子？該如何才能解決這個問題？

吃不完的人，把食物給吃不夠的人，應該就能解決問題了吧？

把多的營養午餐分給其他同學，當然是很簡單的事情。
但如果要把自己國家多的食物運送到遙遠的國家，那就有執行上的困難了。現在就讓我們了解飢餓，並且思考解決之道吧！

# 世界上有很多人在餓肚子？

## 1 這世界上有8.2億的人活在飢餓之中

如今全世界的人口約77億（2019年的資料），其中8.2億的人每天都在餓肚子，相當於每9個人之中就有1人。5歲以下的幼童，更是每4個人就有1人因為營養不良而無法好好成長。

參考資料：聯合國《世界糧食保障與營養的現狀（2017年）》、
　　　　　WFP《飢餓地圖（2018年）》

活在飢餓中的人口
**8.2億人**
臺灣人口的
35倍以上

營養不良的人口比例
- 35%以上
- 25～34.9%
- 15～24.9%
- 5～14.9%

## 2 為什麼飢餓無法從世界上消失？

造成飢餓的原因之一，是世界上有些人必須藉由砍伐森林來獲得農田。但森林被大規模砍伐造成環境巨大變化，就會逐漸影響氣候。這麼一來，好不容易獲得的農田也會漸漸荒蕪，無法種植。

砍伐森林　把樹木砍掉，開闢農田吧！

環境破壞　雖然有了農田，但是土地越來越貧瘠。

發生飢荒　這樣下去會餓死，得開闢新的農田才行……

極端的氣候變遷　原本農作物就很難生長了，還被大雨沖得一乾二淨！

## 3 人口增加會讓飢餓的人越來越多？

全世界的人口正在不斷增加，據推測到了2050年，世界人口會達到97億人。如果環境破壞和人口增加的狀況再這樣下去，全世界飢餓的人將會越來越多。

2019

2050

參考資料：UN "World Population Prospects 2019"、聯合國宣傳中心
（2019）《SDGs系列「為什麼重要」改訂版》

# 要解決飢餓問題，必然需要先進國家的協助

## 1 協助建立可永續經營的農業活動

世界上有很多人靠著焚燒森林來獲得農田，但這樣的做法不可能長久持續下去，而且會嚴重破壞環境。要解決飢餓問題，必須由日本等先進國家提供農業技術，推廣可永續經營的糧食生產機制。 ▶開發中國家／先進國家P122

## 2 建設交通網絡和糧食輸送網絡

不管是任何產品，從生產開始到送至民眾的手中，必須經過輸送等非常多的步驟，因此建設完善的交通網絡和糧食輸送網絡，有助於消除世界上的飢餓。

靠著先進國家技術，推廣可永續的農業活動。

今年也收穫了這麼多稻米！

鋪好從農田到城市的道路。

在商店裡能買到各種食物。

SHOP

## 3 公平貿易能消除飢餓嗎？

在飢餓的背後，還存在著另一個問題：很多人被迫從事重度勞動工作，卻只有微薄的收入。先進國家的企業若能提供合理報酬和良好勞動環境，必定能夠讓開發中的國家獲得穩定生產糧食的能力，飢餓問題也會跟著解決。

▶公平貿易P122

企業　生產者

購入

公平

生產

收入

改善環境

穩定生產

有很多方法可以解決飢餓問題呢！

---

## 2 總 結

世界上每9人就有1人餓肚子。

想要消除飢餓，就必須推廣能夠永續經營的農業活動。

此外也需建立輸送糧食的交通網絡和公平貿易機制。

---

「空盤運動」是臺灣各地方政府和學校，針對營養午餐剩食問題提出的重要串連運動，同時也回應「食農教育法」中需認真面對食物耗損的項目，讓孩子學會惜食。

「食農教育法」的關鍵項目有兩個：第一是精準控制學生的食用量，定期召開午餐供應會議，檢視每日營養基準和廚餘量，訂定意見回饋機制，

## 我們也能做到的SDGs

### 我也能吃完！

了解學生的用餐狀況以提供適量的食物；第二是學生自己能做到的餐餐空盤運動，鼓勵嘗試多元食物，拿多少就吃多少，盡量不製造廚餘。

此外，營養午餐還需要關注

食品安全，除針對蔬菜等相關檢測，也鼓勵學校或廠商採用國產可溯源食材，一來品質有保障，二來也實踐地產地消概念，將該地區所生產的農產品等，於該地區消費。

我能吃完不浪費！

---

或許有些人會認為「是因為總人口增加，飢餓的人才會增加」，但這並不見得是最直接的原因。貧窮國家的民眾並沒有「農業活動要符合環境現況」這種觀念，因此他們會為了獲得農地而砍伐樹木，甚至是放火燒掉一整座森林。

但是當森林消失之後，只要雨勢稍微大一點就會發生水災；只要日照強一點就會發生

## 池上老師小教室

### 飢餓與和平

旱災。這樣的做法，並沒有辦法從根本改善飢荒的問題。當自己的村落缺乏糧食可以吃的時候，人民只好為了搶奪食物而發動戰爭，或逃到國外成為難民。這種有戰爭、有難民的世界，絕對稱不上和平。由此可知，解決貧窮國家的飢餓問題，是創造世界和平的重要途徑之一。

**3** 健康
與福祉

理解什麼是
[ **健康** ]

**健康是最強的武器**

怎麼了，太郎？

這麼快就氣喘吁吁了！

哎呀！都怪我昨天晚上熬夜打電動，所以有點睡眠不足啦！

太郎，你認為一個人要變強，最重要的是什麼？

那就是身心都必須保持健康！

我沒問題的啊！

我經常運動，

三餐都定時。

俗話說「病來如山倒」……

一旦鬆懈，人就會變得容易生病，因此你想要變強，就要先維持身體健康。

謝……謝謝教誨！

腰好痛。

果然太久沒練習是不行的。

# 3 健康與福祉

# 確保健康和促進各年齡層的福祉

Ensure healthy lives and promote well-being for all at all ages

當我們突然肚子疼得厲害或牙痛到睡不著的時候，我們都知道要到醫院就診。女性在懷孕的時候，也明白在生產前，必須定期到醫院接受檢查。此外，我們也懂得要施打疫苗才能避免感染像麻疹之類的傳染病。

但是開發中的國家，有非常多人就算生了病也不會到醫院接受治療。他們可能罹患的其實是只要有疫苗就能簡單預防的疾病，而且女性在生產的時候可能沒有醫生或助產師在一旁協助。

為什麼這些國家和我們會有這樣的差別？其背後的因素，並非只是醫院數量太少、醫療技術太差這麼單純，最主要的原因，是大多數開發中國家的民眾並沒有了解疾病、預防疾病的觀念。不過，就算是在先進的國家，也往往會因為健康觀念不正確而產生新的健康問題。

我還這麼年輕，而且經常運動，應該不太需要擔心健康問題吧？

健康問題可以分兩個面向來探討：一個是自身觀念的問題，另一個則是社會制度的問題。

# 很多人死於能夠預防的疾病？

## 1 5歲以下孩童的每年死亡人數為560萬人

全世界每年約有560萬名5歲以下的孩童死亡，而且其中約有一半是出生不滿一個月的新生兒。死亡率特別高的地區，是南亞和非洲撒哈拉以南地區。原因之一，就在於醫療資源不夠充足。

參考資料：UNICEF "The State of the World Children 2017"

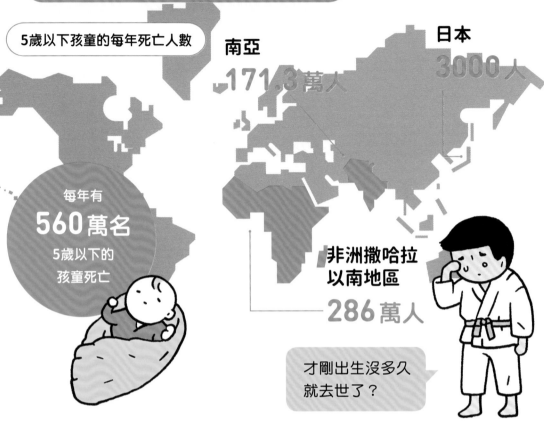

5歲以下孩童的每年死亡人數

每年有 **560萬名** 5歲以下的孩童死亡

南亞 171.3萬人

日本 3000人

非洲撒哈拉以南地區 286萬人

才剛出生沒多久就去世了？

## 2 在開發中國家，許多成年人也活得很辛苦

瘧疾、愛滋病（HIV）、肺結核合稱為「世界三大傳染病」，如今依然在全世界開發中國家為主的各地區蔓延。不管是大人還是孩童，每年都有數以百萬計的人因此送命，但這些其實都是能夠治療、控制或預防的疾病。

▶世界三大傳染病P122

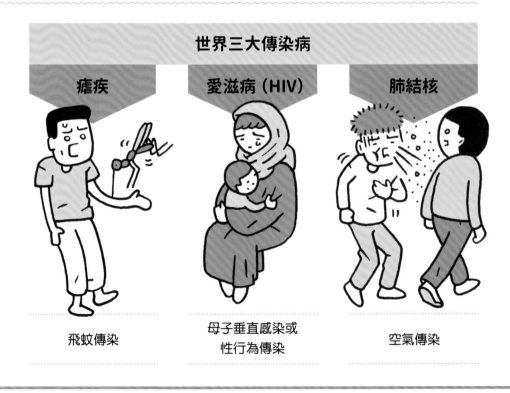

### 世界三大傳染病

| 瘧疾 | 愛滋病（HIV） | 肺結核 |
|------|------|------|
| 飛蚊傳染 | 母子垂直感染或性行為傳染 | 空氣傳染 |

## 先進國家也有健康問題

### 1 健康其實是觀念的問題

即使是在先進國家，也存在著一些可能會縮短壽命或提高死亡率的要素。最具代表性的例子就是酒和香菸，由此可知國家的貧窮並非健康問題的唯一原因。

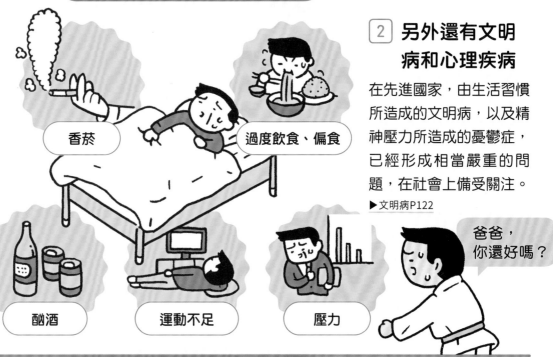

香菸

過度飲食、偏食

酗酒

運動不足

壓力

爸爸，你還好嗎？

### 2 另外還有文明病和心理疾病

在先進國家，由生活習慣所造成的文明病，以及精神壓力所造成的憂鬱症，已經形成相當嚴重的問題，在社會上備受關注。

▶ 文明病P122

## 讓醫療距離我們更近

### 1 教育和援助缺一不可

在開發中國家，為了避免孩童得到瘧疾、肺炎或腹瀉，必須在當地推廣醫療和健康的相關知識；至於在先進國家，則是要協助民眾避免罹患文明病或過大的壓力造成的疾病。

教育

醫療

援助

### 2 擴大醫療體制，降低就醫門檻

所謂擴大醫療體制，包含增加醫院和醫師的數量，以及讓安全且有效的藥物或疫苗能夠更便宜，建立一個讓民眾只要感到身體不舒服就可以立刻到醫院就醫的環境。

▶ 全民醫療衛生P122

### 3 總結

全世界每年約有560萬名5歲以下的孩童失去生命。

在開發中國家，有很多人因為世界三大傳染病而送命。

不管是先進國家還是開發中國家，為了減少疾病，都需要更進一步的教育和援助。

世界上的任何角落只要發生了民眾大量死亡的嚴重事件，「無國界醫生」這個組織就會以最快的速度趕往當地，展開醫療行動。救助的對象包含戰爭或天然災害的受害者、傳染病患者，以及因貧窮等各種理由而沒辦法就醫的各地民眾。到目前為止，「無國界醫生」曾經為敘利亞、阿富汗等戰亂地區提供過醫療服務，此外也曾在日本東北311大地

## 我們也能做到的SDGs

### 調查「無國界醫生」

震、尼泊爾大地震時發起緊急救援行動。1999年，該組織的貢獻得到全世界肯定，獲頒諾貝爾和平獎。如今「無國界醫生」組織在全球共有38處辦事處，調查一下他們發起了哪些有意義的行動吧！

---

你知道地球上哪種動物每天殺死最多人類嗎？答案就是蚊子，因為蚊子會傳染瘧疾、登革熱等危險的疾病。在日本，瘧疾和登革熱還不曾爆發大流行，但如果全球暖化的現象持續下去，傳播瘧疾的可怕蚊子可能會傳播過來，到時候我們恐怕就無法安心生活了。除此之外，近幾年非洲還爆發了名為「伊波拉出血熱」的高危險傳染病。

## 池上老師小教室

### 蚊子會傳播疾病？

在這個時代，任何人只要搭飛機，就可以輕易前往世界上的任何角落，感染了傳染病的人如果在發病之前入境，病原體很可能會在當地爆發流行。所以我們一定要盡快建立一套全球規模的防杜機制，避免這些危險的疾病傳染至世界各地。附帶一提，每天殺死人類第二多的動物，就是人類自己，因為一旦發生戰爭，很多人都會遭到殺害。

**4 優質教育**

理解什麼是
[**教育**]

# 為什麼我們要讀書？

真由，昨天我發現好漂亮的花，帶你去看！

抱歉，小雪，我五點得去上補習班。

你真是用功念書的好孩子。

其實我很不想去……

上學已經夠累了，為什麼還要去補習班？

真由的頭腦那麼好，其實我滿羨慕的呢！

爸爸媽媽總是說這是為了我的將來，但我根本沒有以後想做的事。

這樣子呀！

你可以當成是為了教我功課。

為了教功課？

這確實是個很好的動力。

對吧？

我先去看花再自己回家喔！

等、等、等一下！

怎麼了？

這裡有熊出沒！

熊！

原來那個字是「ㄒㄩㄥˊ」啊！

小雪，我教你功課，我們一起努力吧！

# 4 優質教育

## 確保包容和公平的優質教育，讓全民終身享有學習機會

Ensure inclusive and equitable quality education and promote lifelong learning opportunities for all

好討厭讀書、好討厭寫功課、好希望不用去學校，每天做自己想做的事。為什麼小朋友一定要上學？相信很多人應該都有過這樣的想法吧？

在日本，所有的孩童6歲以後都必須上小學。或許有些孩子會感覺很不自由，但正因為日本有這樣的制度，幾乎所有的日本人都會閱讀、書寫和計算。

在這個世界上，沒有辦法上小學的孩童約有6300萬人（參考資料：日本聯合國兒童基金會網站）。這些孩童長大之後，在日常生活中會遇到很多難以處理的事情，更糟的是，他們很難選擇自己想要過的生活。以下我們就來看一看，在先進國家民眾眼裡理所當然的「教育」，對孩童和整個社會是多麼重要。

如果沒有學校，每天的生活不就像是在放暑假嗎？當然也不用再去什麼補習班，這樣想來真是羨慕呀！

有很多孩子是因為要到很遠的地方打水，或必須幫忙家務，所以沒有辦法上學。如果可以選擇的話，這些孩子應該也會想要到學校和朋友在一起吧？

# 很多孩子沒有辦法上學嗎？

## 1 為什麼沒有辦法上學的孩子大多是女生？

世界上，女生受教育的機會往往比男生少。全世界沒有辦法閱讀和書寫的人口約有7.6億人，其中三分之二是女性。這包含了各式各樣的理由，例如女性在文化上受到歧視、因為家裡太窮所以沒有辦法讓所有兄弟姐妹都上學，以及住家的附近根本沒有學校等。

▶識字率P122

參考資料：UNESCO "EFA Global Monitoring Report 2016"

女孩子應該在家裡幫忙做家事，不必到學校上課。

為了讓弟弟能去學校上學，我一定要努力工作……

只有女孩子不能受教育，真是太奇怪了。

## 2 只要學會基本的閱讀和書寫……

會不會閱讀和書寫，關係到能找什麼樣的工作，但有很多孩子因為父母的觀念或家庭經濟因素，而沒辦法接受教育。如果能夠讓全世界的孩子都能學會基本的閱讀和書寫，至少有1.7億人口能夠脫離貧窮。

沒有辦法充分接受教育

去工作，賺錢貼補家用吧！

不會閱讀、寫字和計算

這些要多少錢？

成為貧窮的母親

即使有了孩子，也沒有錢供他上學……

長大後沒有辦法從事高收入的職業

你不識字？抱歉我們無法錄取你。

連自己的名字也不會寫……

參考資料：UNESCO "EFA Global Monitoring Report 2013/4"

# 教育相關問題的原因和背景

為什麼不和我們國家一樣送孩子去學校上課?

來學除法!

我不會啦!

## 1 學校的數量根本不夠

或許有些人會認為「只要所有的家庭都讓孩子上學就行了」,但是有很多國家的教育資源(學校、課本、老師等)嚴重不足,必須仰賴先進國家提供援助,才能建立充分的學習環境。

## 2 必須提升對教育的「重視」

而且並不是只要有學校、有課本就夠了,還得讓父母意識到教育的重要性、鋪設讓孩子方便上學的道路,以及提升老師的教學能力等。只有提升整個國家對教育的「重視」,才能讓孩子有美好的未來。

理解教育重要性的父母

我們的孩子很用功呢!

學習真是太有趣了!

淺顯易懂的課程

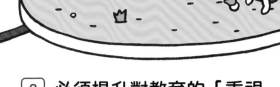

鋪設通學的道路

| 4 總結 | 全世界不會閱讀和書寫的人口約7.6億人,其中三分之二是女性。 | • | 只要能學會基本的閱讀和書寫,至少有1.7億人口能夠脫離貧窮。 | • | 除了要建立教育的環境之外,還得提升對教育的重視。 |
| --- | --- | --- | --- | --- | --- |

## 我們也能做到的SDGs

### 捐書傳知識

在小學階段，不同年級喜歡閱讀的書籍不盡相同，例如小學一、二年級認識的字還不多，喜歡閱讀繪本或簡單的故事書，三年級之後，漸漸開始喜歡小說等以字為主、圖書為輔的橋梁書。而有些好書在閱讀後，由於已經完全了解內容，不太會再翻閱，就非常適合捐贈出去給其他人。

在臺灣，有很多這樣的公益活動，例如「捐書送愛，閱來閱愛」、「『舊』愛捐書」等，類似這樣共享閱讀的活動相當多元，甚至班上或學校會設立「好書大家讀」區域，鼓勵學生帶書來交換，培養良好的閱讀習慣。

請記住捐書最重要的原則是挑選你認為內容不錯，而你也想讓其他小朋友閱讀的書，這個準則大人也適用。找個假日和爸爸媽媽一起，將最適合的書籍整理起來，找最適合的單位捐贈，讓知識和愛可以傳遞下去，如此一來，也可以促進「優質教育」目標的普及。

## 池上老師小教室

### 透過教育讓國家獲得發展

在日本的明治時代（1868～1912年）初期，有很多人努力創辦學校，想讓所有孩子都能上學，然而卻有許多父母認為「孩子是家中重要的勞動人口，不能到學校浪費時間」。為了說服這些父母，據說當時的教育家煞費苦心，特別是針對「女孩子不必受教育」的父母。當這些孩子進入學校學會閱讀、書寫和計算

後，父母也會漸漸理解學校和教育的重要性。正因為有許多人像這樣在教育上投入心力，如今日本才能發展成為先進國家。現在在日本，適齡學童到學校上學已經成為理所當然的事，但背後可是歷經相當漫長的努力。另一方面，就算有了學校，如果沒有優秀的老師，還是無法建立完善的教育，因此建立培育老師的學校和環境，也相當重要。

**5** 性別
平權

理解什麼是

# [ 社會性別 ]

我幫你拿一半。

啊！謝謝。

真是神力女超人。

你竟然讓女生幫忙，真是太遜了。

……

你力氣真大，我明明是男生，卻沒什麼力氣。

唭？

我長得比男生高，力氣又比男生大，大家都不當我是女孩子……

這和男生女生無關，我很謝謝你幫忙。

給你擦眼淚……

你真像女生……

很可愛吧！

**5** 性別平權

# 實現性別平等，
# 強化所有婦女和女童的權能

Achieve gender equality and empower all
women and girls

女孩子如果讓有力氣的男孩子幫忙拿東西，絕對不會有人笑她「很遜」，但情況若是反過來呢？

男生和女生的身體確實不一樣，男生長大之後會變聲，女生長大之後則是會變成可以懷孕的狀態。除了這些身體差異，這個社會對男生、女生的觀感也不相同，所以才會有「男生的樣子、女生的樣子」或「男生的本分、女生的本分」這種說法。像這種由社會所賦予的性別差異，就稱作「社會性別」。

舉例來說，很多人都會有「女性應該要當輔助者」的先入為主觀念，因此就算有相當優秀的女性參加領袖選舉，最後被選上的往往還是男性。此外，像是「男主外、女主內」的觀念，也讓很多男性和女性感到痛苦。每個人在生活上或觀念上都有可能遭受這樣的性別歧視，以下我們就來看一看，「社會性別」會在世界上產生什麼問題。

男生要有男生的樣子，女生要有女生的樣子，這也是大人灌輸的錯誤觀念嗎？

不管是開發中國家還是先進國家，世界上大多數的國家都存在著一些「社會性別」的問題。像日本雖然是先進國家，但在社會性別的觀念上卻算是落後國家。

# 兩性平等是什麼意思？

男性印象
- 頭髮要短
- 運動高手
- 喜歡戶外活動
- 有精神、
- 活動力旺盛
- 身強體壯
- 勇敢
- 不能哭
- 要當領袖

## 1 什麼是「社會性別」？

男生和女生除了天生身體構造上的差異之外，還有「男性化」、「女性化」之類由社會在無形中賦予的形象差異，這樣的差異就稱作「社會性別」。

女性印象
- 應該要有美麗又柔順的長髮
- 喜歡洋娃娃和閃閃發光的東西
- 喜歡紅色或粉紅色
- 想法要純真
- 舉止要端莊賢淑
- 個性要溫柔
- 逆來順受

## 2 只因為是女孩子……

世界上有一些國家的父母，會禁止女兒到學校上課，或在女兒年紀很小的時候，就強迫女兒和男人結婚。

參考資料：日本聯合國兒童基金會網站「昔日新聞2019年2月12日更新」

全世界每年約有
**1200 萬名**
女性未滿18歲就被迫結婚

我明明還不想結婚……

## 3 並非只有開發中國家才有社會性別問題

男尊女卑的歧視問題，並非只存在於開發中國家。就算是先進國家，在職業、薪水、家事責任、政治參與等各方面，男性往往還是較占優勢。

怎麼差這麼多！

# 日本在社會性別問題上屬於落後國家？

## 1 性別差異在日本是相當嚴重的問題

在日本，男性和女性的性別差異非常大。根據世界經濟論壇（WEF）在2018年公布的性別落差指數，日本在149個國家裡面排名第110名，在先進國家裡排名最低。

▶性別落差P122

參考資料：WEF "The Global Gender Gap Report 2018"

## 2 社會並沒有完善的育兒支援制度

日本有越來越多女性希望在結婚、生產後繼續工作，但是很多地區的托兒所、幼兒園數量根本不足，導致超過三成的女性，在生下第一胎之後就辭去工作。

參考資料：日本國立社會保障・人口問題研究所（2015）《第15屆出生動向基本調查》

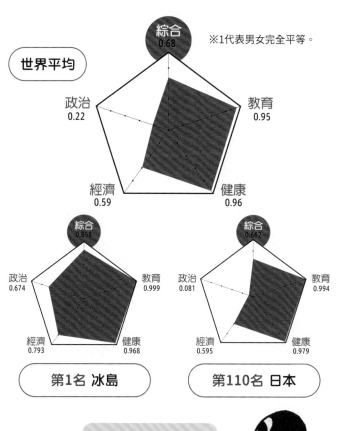

世界平均

綜合 0.68　　※1代表男女完全平等。

政治 0.22

教育 0.95

經濟 0.59

健康 0.96

綜合 0.858

政治 0.674

教育 0.999

經濟 0.793

健康 0.968

第1名 冰島

綜合 0.662

政治 0.081

教育 0.994

經濟 0.595

健康 0.979

第110名 日本

日本的排名竟然是倒數的……

※根據行政院性別平等會2022年最新資料顯示，臺灣的性別落差指數排行為全球第36名。

## 3 要如何達到性別平權？

最重要的是必須改變觀念，例如「男主外、女主內」已經是過時的傳統觀念。找出「不良傳統」並加以改正，是我們每個人的使命。

歡迎回家！

我回來了！

## 5 總結

男女之間的不平等，是先進國家和開發中國家的共同問題。

● 從全世界的角度來看，日本的性別落差問題算是相當嚴重。

● 國家和社會必須協助建立男女共同分擔工作和家事的環境。

你是否曾因為被爸爸、媽媽或身邊的人說「你應該要像個男孩子」或「你是女生，不應該做這種事」之類的話，而感到心情難過？你是否也曾覺得身邊的朋友「明明是男生（女生），卻沒有男生（女生）的樣子」？只要這麼一

## 我們也能做到的SDGs

### 思考生活周遭中的社會性別問題

你們曾經被說「應該要像個女（男）孩子」嗎？

我本來以為短髮很時尚，沒想到把頭髮剪短之後，經常被笑「像個男生」。

因為「男生就該像男生」、「女生就該像女生」的觀念，讓我們沒有辦法表現出真正的自己。

希望這個社會能對「自我風格」多一些肯定。

想，就會明白社會性別問題確實存在於我們的日常生活之中。什麼是「男生該有的樣子」、「女生該有的樣子」？把你自己的經驗提出來和朋友或兄弟姐妹討論，應該就能發現一些潛藏在生活中的社會性別問題。

---

當你得知世界上有些國家的父母不讓女兒到學校上課，會不會覺得那些女生很可憐？事實上，日本也發生過類似的情況，例如有一個新聞是某大學醫學系在入學考試上，監考單位故意讓女性考生落榜（2018年）。由此可知日本也有著相當嚴重的性別歧視問題。另外，近年來我們越來越常聽見「LGBT＊」這個詞，代

## 池上老師小教室

### 從社會性別中記取教訓

表的是不同的性別特質。為什麼會有人提出這樣的詞彙呢？理由就在於有越來越多的人認為「只有男人和女人才能相愛」、「只有男人和女人才能結婚」這種傳統觀念是錯的，這世界上有著各式各樣的人，每個人的想法和權利都應該受到保障。我們希望這個世界能夠更加尊重每個人的「自我風格」，不要強迫他人一定要當「男人」或「女人」。

---

＊LGBT是女同性戀者（Lesbian）、男同性戀者（Gay）、雙性戀者（Bisexual）與跨性別者（Transgender）的英文首字母縮寫。

**6** 潔淨飲水
與衛生設施

學習關於
[**水資源**]
的知識

# 為所有人提供水資源、衛生和進行永續管理

Ensure availability and sustainable management of water and sanitation for all

地球雖然有「水的行星」之稱，卻有著非常嚴重的水資源問題。地球上確實有非常多的水，但絕大部分是海水。人類能夠飲用或能夠用在農業和工業上的水，只有河水和湖水之類的淡水，這些淡水只占地球上所有水的0.01%。不僅如此，因為全世界的人口不斷增加，未來需要的水資源當然也會增加。

問題還不是只有水資源的量而已。像日本這樣的國家，幾乎家家戶戶都有廁所，水龍頭流出來的水非常乾淨，而且下水道的汙水也會經過確實處理。但是如同日本這般擁有不虞匱乏潔淨水的國家，其實相當稀少。在這個世界上，有許多國家無法提供乾淨的水給民眾使用，導致每年都有幼小孩童送命。因此除了水資源的「量」，「質」也是相當大的問題。

想一想，我們應該怎麼做，才能解決水資源的量和質的問題？

水不夠的國家，為什麼不向水資源豐富的國家買水？

富裕的國家或許可以這麼做，但貧窮的國家根本沒錢買水。
缺水的問題除了會危害孩童的性命之外，也會對教育造成相當大的影響。

# 有多少地區缺乏乾淨的水資源？

## 1 每年許多孩童因不衛生的水而送命

全球每年有超過200萬人因腹瀉的相關疾病死亡，其主要原因就在於缺乏衛生的環境和乾淨的水資源。如果單看5歲以下的孩童，每天都有超過800人死亡。

參考資料：
聯合國宣傳中心（2019）《SDGs系列「為什麼重要」改訂版》、WHO "Progress on Drinking Water, Sanitation and Hygiene 2017"

無法使用乾淨水資源的地區

可以使用基本供水系統的人口比例

- 91～100%
- 76～90%
- 50～75%
- 50%以下

## 2 「打水」會奪走孩子受教育的機會

從住家走到水源地要花30分鐘以上的人口，以及使用河川、湖泊的髒汙水源的人口，全球超過8.4億人。在這些地區，「打水」這種重度勞動往往是孩子的工作，孩子很可能會為了打水而喪失接受教育的時間和機會。

參考資料：
WHO "Progress on Drinking Water, Sanitation and Hygiene 2017"

開闢農田吧！

收集木材吧！

火耕農業

森林砍伐

擁有豐富森林資源的時候

開發和環境形成了矛盾……

## 3 氣候變遷和環境問題也是造成水資源不足的原因

森林能夠將乾淨的水蓄積在地底下，具有調節氣候狀態的功效。但因為森林砍伐、火耕農業*等人類的活動，導致森林消失，土壤不再能蓄積水資源，這也是造成水資源不足的原因。

＊火耕農業是一種以砍伐和焚燒林地上的植物來獲得耕地的古老農業技術。

## 怎樣才能夠解決水資源問題？

### 1 如何製造乾淨的水？

想要持續獲得乾淨的水，必須確實遵守水循環的規則。依照下圖這樣的循環方式，能產生乾淨的水。

雲

雨

水蒸氣

2 水壩·河川

3 淨水場

湖泊

1 森林

6 汙水處理場

地層①
地層②
碎石層
地下水

農田

4 自來水管線

5 汙水下水道

7 大海

原來水龍頭的水是這麼來的。

| | | |
|---|---|---|
| 1 **森林** 能夠蓄積雨水，使其成為地下水或山泉水 | | |
| 2 **水壩·河川** 雨水和森林的水會匯集在這裡，往下游流動 | 4 **自來水管線** 將乾淨的水（自來水）輸送至各地供民眾使用 | 6 **汙水處理場** 除去水中的有害物，再排入海中或河中 |
| 3 **淨水場** 匯集來自河川、湖泊和地下水的水，使其乾淨 | 5 **汙水下水道** 將使用過的汙水輸送至汙水處理場 | 7 **大海** 河水會流入海中，海水蒸發會變成雲，雲會形成降雨 |

### 6 總結

世界上有很多人因為缺乏乾淨衛生的水資源而生病。 ● 有很多孩子因為花了太多時間打水，導致沒有時間受教育。 ● 要解決水的問題，必須建立一套從上游到下游的水循環系統。

水是生活上不可或缺的重要資源。在我國，由於隨時都能取得乾淨的自來水，所以可能會有人養成浪費水的習慣，例如刷牙或淋浴時，從頭到尾讓水一直流出，就是浪費水的行為。刷牙的時候，只要能夠縮短30秒打開水龍頭的時間，就可以省下3瓶「2公升裝寶特瓶」，也就是6公升的水。淋浴的時候，只要能夠縮短60

# 我們也能做到的SDGs

## 提醒自己要省水

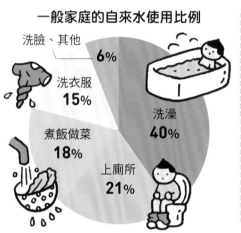

一般家庭的自來水使用比例

洗臉、其他 **6%**
洗衣服 **15%**
煮飯做菜 **18%**
洗澡 **40%**
上廁所 **21%**

秒，就可以省下6瓶。此外，洗碗、洗衣服、洗車，以及在庭院灑水澆花等，許多地方都能節省水資源。我們應該提醒自己節約日常用水。

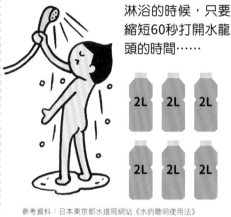

淋浴的時候，只要縮短60秒打開水龍頭的時間……

2L 2L 2L
2L 2L 2L

參考資料：日本東京都水道局網站《水的聰明使用法》

---

你知道日本也會從全世界進口大量的「水」嗎？這點或許會令你感到驚訝，因為日本明明有那麼豐富的水資源，為什麼還要進口「水」？其實不是真的進口「水」這種液體，而是基於以下這樣的想法：日本會從外國輸入大量的蔬菜和水果，而這些蔬菜和水果在生產地會消耗大量的水資源；又或者是日本也會從外國進口非

# 池上老師小教室

## 虛擬的水

常多的牛肉，因為牛在成長的過程中需要消耗大量的穀類飼料，而種植這些穀類也會消耗大量的水資源。最後的結果，就相當於日本進口了大量的水。在這個概念裡的水，就稱作「虛擬水」。只要活用這樣的概念，就能夠顛覆許多我們對水資源的理解。請你一同思考，全世界水資源分配不均的問題。

學習關於
[ **能源** ]
的知識

## 無法想像沒有電的生活？

我回來了。

咦？媽媽還沒回來。

太幸運了！那就同時打開冷氣機和電風扇……

好舒服，是天堂啊！

停、停電了？

呃！跳電的時候好像要把總開關……

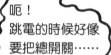

……

好熱好悶啊！

來點喝的好了，對了，冰箱也沒電了。

不過還殘留著一些冷氣，

可以涼快一點。

對不起，回來晚了！外頭下著大雷雨……

咦？怎麼這麼暗？發生什麼事了？

健太，你在哪裡？

……？

好涼啊！

56

# 確保每個人都能獲得可負擔、可靠且能永續維持的現代能源

Ensure access to affordable, reliable, sustainable and modern energy for all

如果使用風力或太陽光來發電，不僅不會耗盡，而且也不會有全球暖化的問題。

是啊！但目前可再生能源在世界上還不普及，我們依然得仰賴傳統的能源。

總是在停電的時候，我們才會感覺到電有多麼珍貴。因為只要一停電，不僅燈沒辦法開、冷氣沒辦法吹，智慧型手機也無法充電，日常生活中的所有事情幾乎都會停擺。如果只是停電數個小時，或許還能忍耐，但要是停電好幾天，肯定會感到相當不方便吧！如果發生在炎夏或寒冬，無法使用冷暖氣恐怕還有致命的危險。

但世界上仍有好幾億人口每天過著沒有電的日子。不管是對生活而言，還是對生命而言，電都是不可或缺的，富裕國家的民眾不僅可以盡情使用電，而且還常做出浪費電的行為，然而貧窮國家的民眾卻完全沒有電可以用，實在太不公平了。我們想讓全世界所有人都能自由使用電，問題是製造電的能源要從哪裡來？我們需要取之不盡、用之不竭、價格低廉，同時還不會造成地球溫度上升的能源。

# 世界上有很多人無電可用？

參考資料：UN "World Population Prospects 2019"、聯合國宣傳中心（2018）《永續發展目標（SDGs）──事實與數字》

## 1 世界上有多少人沒有電可以用？

根據估計，全世界約有10億人口過著沒有電的生活。烹煮食物或取暖時必須使用薪柴、木炭或家畜糞便的人，則約有30億。

全世界人口 **77億人**

**30億人** 約五分之二的人使用非化石燃料。

**10億人** 約13%完全沒有電可以用。

什麼都看不見。

## 2 化石燃料會造成全球暖化現象

過去我們的生活大多仰賴煤炭、石油這類化石燃料，但是燃燒化石燃料所產生的溫室效應氣體，被視為是全球暖化的元凶。

▶化石燃料／溫室效應氣體P122

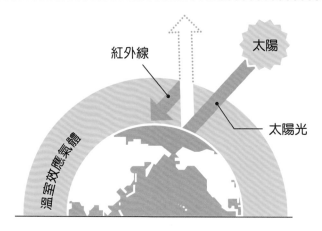

紅外線　太陽

太陽光

溫室效應氣體

**什麼是全球暖化？**

地球整體的溫度上升，就稱作「全球暖化」。由於溫室效應氣體包覆整個地球，導致原本應該要排出地球外的熱能沒有辦法排出，因而造成溫度上升。▶全球暖化P122

### 能源的壽命

（2018年）
＊唯獨鈾是2017年的資料。

| 石油 | 天然氣 | 鈾＊ | 煤炭 |
|------|--------|------|------|
| 50年 | 51年 | 99年 | 132年 |

### 能源會用盡嗎？

專家預測化石燃料在不久後的將來就會用盡。日本人每人的電力使用量是世界平均量的兩倍以上，而製造這些電的能源90%仰賴進口，因此我們可以說，日本是一個過度消耗世界能源的國家。

參考資料：日本核能文化財團《核能・能量圖面集》

能源耗盡之後，就沒有電可以用了？

## 什麼辦法可以解決能源問題？

### 1 可再生能源可以拯救世界嗎？

太陽光、風力、地熱等運用大自然力量的無盡能源（可再生能源）如今正受到關注，未來將取代化石燃料。

**水力能源**

靠水的力量產生電

**地熱能源**

靠火山的熱度產生電

**風力能源**

靠風的力量產生電

**生物能源**

將植物加工製成燃料

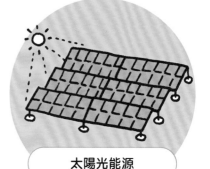

**太陽光能源**

靠太陽光的力量產生電

### 2 可再生能源在世界上的運用狀況如何？

右圖為世界各主要國家的可再生能源使用比例。雖然每個國家國情不同，不能一概而論，但可以看出日本和臺灣都還有很大的進步空間。

參考資料：日本資源能源廳《日本的能源2018》、
　　　　　臺灣電力公司（2021）

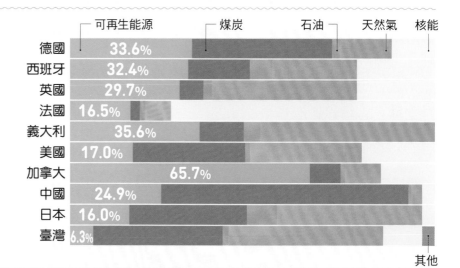

| | 可再生能源 | 煤炭 | 石油 | 天然氣 | 核能 | 其他 |
|---|---|---|---|---|---|---|
| 德國 | 33.6% | | | | | |
| 西班牙 | 32.4% | | | | | |
| 英國 | 29.7% | | | | | |
| 法國 | 16.5% | | | | | |
| 義大利 | 35.6% | | | | | |
| 美國 | 17.0% | | | | | |
| 加拿大 | 65.7% | | | | | |
| 中國 | 24.9% | | | | | |
| 日本 | 16.0% | | | | | |
| 臺灣 | 6.3% | | | | | |

### 7 總結

全世界約有13%的人口過著沒有電的生活。

可再生能源目前正受到關注，未來將取代化石燃料。

雖然每個國家的國情不同，但可再生能源還有相當大的發展空間。

可負擔的潔淨能源

在臺灣，許多學校室內空間不足，戶外運動空間無遮陰、日晒嚴重，或是飽受風雨干擾，因此教育部正推行「太陽能光電球場」計畫，透過縣市、中央、民間三方合作，在校園內興建結合太陽光能電板，不受天候影響的運動球

## 我們也能做到的SDGs

### 活用太陽能發電

場。這樣不僅能讓學生擁有更為舒適的運動空間，學校也能活化空地，更重要的是，讓太陽能進

入校園，不但可以減少二氧化碳的排放，在發電的過程中不會產生汙染，製造出來的電還可以幫助學校節約電費，達到開源節流的目的，更可以讓學生親身看見和學習，肩負起綠能教育的意義，是一舉數得的好方法。

**太陽能發電的優點和缺點**

**優點**
- 這是無窮無盡的國產能源，不用擔心會耗盡。
- 發電的時候不會產生二氧化碳或空氣汙染物質。

**缺點**
- 夜晚無法發電，而且發電量會受季節和天候影響。
- 想獲得等同火力發電、核能發電的電力，需廣大土地架設太陽能板。

---

自從有電，生活變得越來越富足便利，但地球的暖化現象也越來越嚴重。為了解決這個問題，先進國家一再向全世界呼籲：「別再使用化石燃料！」然而這樣的立場，卻引來了開發中國家的反感：「從前你們也是靠著化石燃料發電而富裕，現在憑什麼要求我們別這麼做？」

經過長期的爭論，到了

## 池上老師小教室

### 地球暖化和國家發展

太卑鄙了！

2015年，世界各國才簽訂《巴黎協定》，主旨是「各國自行設定目標，共同朝著解決全球暖化問題而努力」。沒想到美國的川普總統後來竟然聲稱「全球暖化理論只是一場騙局」，並且宣布將會退出《巴黎協定*》。要解決全球暖化，無論如何需要美國這種大國的支持，看來要解決全球暖化和國家發展之間的矛盾問題，還有漫長的路要走。

　＊2021年，繼任川普的下一任美國總統拜登又宣布重返《巴黎協定》。

**8** 合適工作
與經濟成長

理解什麼是
[**人性化的工作**]

爸爸！

可能是「黑心企業」？

社團活動現在才結束，

真是辛苦啊！

嗯！因為縣大賽快到了，

每個同學都幹勁十足。

不過，

我總覺得應該還有

更有效率的練習方法。

會不會是

是因為學長姐還沒回家，所以學弟妹也不敢回家呢？

可是我們也不知道他們心裡是怎麼想的。

我們很小心不讓他們有這種想法，

爸爸在公司也是一樣，

沒辦法讓所有人的工作狀況都一樣。

所以，

我們只能盡量想辦法減少大家的負擔。

也是啦！

爸爸也得想辦法減少壓力才行。

你當課長也很辛苦呢！

拍

拍

我請你喝一杯吧！

部長，謝謝您的招待。

# 促進長久維持、具包容性且永續發展的經濟成長,推動完整且具生產性的雇用,以及人性化的工作

Promote sustained, inclusive and sustainable economic growth, full and productive employment and decent work for all

不管是學校還是公司企業,都有一種「做的時間越長,越容易受到稱讚」的風氣。當這種風氣過於盛行,就會有越來越多的人為此而犧牲自己的生活或健康,例如日本人的「工作時間長」在世界上相當有名,常有人因為工作太久而死亡,這就是所謂的「過勞死」。

放眼全世界,工作型態一直是個大問題,尤其是開發中國家,許多孩子年紀小小就被大人強迫工作;另一方面,也有多達數億的大人明明想要工作,卻找不到。每個大人找不到工作的理由不盡相同,有可能是剛好沒有職缺,也有可能是因為不識字、身體有殘疾,或找不到幫忙照顧孩子的機構。

SDGs的目標之一,正是希望世界上所有勞動者都能從事「人性化的工作」。所謂「人性化的工作」,意思是能夠獲得成就感的正當工作。

我雖然想要體驗工作的感覺,但可不想要被人強迫工作……

誰都不喜歡被逼著工作的感覺吧!可惜在開發中國家,還是有很多人被迫從事危險又辛苦的工作。

# 世界上的勞動問題

## 1 每10個孩童，就有1個孩童被迫工作

世界上5～17歲的孩童之中，約有1.5億名因為貧窮等理由而被迫工作。有很多孩子甚至從事相當危險的勞動工作，對身心發展可能造成不良影響。

世界上5～17歲的孩童之中
**每10名孩童就有1名**

被迫工作的孩童
**1.5億人**

參考資料：
ILO（2017）《兒童勞動的世界推估：推估結果與趨勢，2012～2016年》

## 2 很多人成為強迫勞動和買賣人口的犧牲者

有許多孩童成為金錢買賣的對象，這些孩童往往得從事勞動工作，沒有辦法接受教育。有些孩童甚至被脅迫販毒、從事性交易，或在危險區域工作。

強迫結婚

性壓榨

強迫勞動

盜取器官

## 3 全世界的失業人口約1.7億人

勞動問題並非只發生在孩童身上。由於人口增加、教育不夠普及，全球的失業人口統計高達1.7億人，而且這樣的問題並非只發生在開發中國家，資料顯示，高所得國家的失業率（5.3％）甚至高過低所得國家的失業率（3.7％）。

失業人口
**1.7億人**

職業介紹所

參考資料：
ILO "World Employment and Social Outlook: trends 2019"

# 日本也有勞動問題

## 1 日本人的工作時間太長？

常有人說「日本人是工作狂，工時非常長」，但從資料上看，日本人的平均勞動時間並沒有特別長。或許除了勞動時間之外，更應該改革的是工作型態和環境。▶黑心企業／OECD P122

※不過，日本的一般勞動者（2011小時）和打工者（1026小時）的勞動時間差距很大，需要改善的是一般勞動者的勞動時間。（勞動時間參考厚生勞働省《每月勤勞統計調查》中平成30年的數據）

**一整年的勞動時間**

| 墨西哥〔1位〕 | 美國〔10位〕 | OECD平均 | 日本〔21位〕 | 法國〔28位〕 | 德國〔37位〕 |
|---|---|---|---|---|---|
| 2148時間 | 1786時間 | 1734時間 | 1680時間 | 1520時間 | 1363時間 |

參考資料：OECD.Stat "Average annual hours actually worked per worker"中2018年的部分（全部共38個國家）

※依據臺灣勞動部資料統計，2021年臺灣人年總工時為2000.4小時，為全球第4高。

## 2 男女同工不同酬？

有一項資料顯示，日本男性勞動者的平均薪資假如以100來計算的話，女性只能拿到70。除此之外，女性主管的比例只占了全部主管的11%，這一點也常被拿來當作女性歧視的議題。

**女性主管的比例**

美國 43.7%

德國 28.6%

日本 11.2%

參考資料：日本厚生勞働省（2010）《男女間薪資落差消除指導方針》

※依據臺灣104人力銀行的統計，2020年臺灣女性主管的比例為30%。

## 3 建立每個人都能工作的社會

日本的身心障礙人士超過940萬人（包含老年人和未滿18歲的青少年、孩童），其中有工作的只有約50萬人，日本缺乏一套協助身心障礙者找到工作的制度。除了身心障礙人士之外，整個社會還應該盡量減少女性、年輕人和外國籍的失業人口。◦參考資料：日本內閣府《平成30年版身障者白皮書》

※2019年臺灣地區15歲以上身心障礙者有112萬8822人，勞動力參與率為20.7%、失業率為8.1%。

---

**8 總結**

- 全世界每10個孩子，就有1個孩子因為貧窮等因素而被迫工作。
- 由於人口增加等因素，全世界的失業人口達到了1.7億人。
- 日本的身心障礙者超過940萬人，其中有工作的只有約50萬人。

此目標重點在於經濟發展同時，必須關注良好的工作環境，其中包含給弱勢族群良好的工作機會與環境。在臺灣有好幾個機構正在實踐此目標，例如「蒙恩聽障烘焙坊」就主張聾人除了「聽不見」，可以做任何事。2005年該機構籌備「蒙恩聽障烘焙坊」，透過全手語溝通的工作職場讓聽障者就業，培訓聽障者製作烘焙

## 我們也能做到的SDGs

### 到雇用身心障礙人士的店裡看一看吧！

品，同時提升自我價值。

另一個案例是「肯納兒烘焙坊」，肯納兒是指以自閉症為主的多重障礙孩子。這機構主要目的是培養和訓練自閉症孩子的各

項能力，讓他們也能像一般人一樣靠自己賺錢、學會獨立自主與獨立生活的能力。

除了這兩個案例，臺灣還有很多類似的機構，例如雇用盲人的視障按摩店。如果你家附近也有這樣的商店，你也可以透過購買由這些身心障礙者所製作的美味商品，或是請他們服務，協助這些人適性就業，充分參與並融入整個社會。

---

最近大家應該常聽到「黑心企業」這個詞彙，指的是強逼員工加班工作，或是故意找理由不發給員工薪水的公司企業。過去其實像這樣的公司很多，最近特別常被提出來討論，或許是因為越來越多的人希望能夠從事「人性化的工作」，獲得該有的尊重。

放眼世界，還有太多的孩童正被迫從事勞動工作，更可

## 池上老師小教室

### 「人性化的工作」是什麼樣的工作？

怕的是在一些持續發生內戰的國家，甚至有孩童被大人冠上「少年兵」的頭銜，像士兵一樣被送到戰場上打仗。

我們希望不管是富裕或貧窮的國家，每個人都應該能依照國情和自身的狀況，從事更加人性化的工作。想一想，在你的心裡，「人性化的工作」是什麼樣的工作？

**9** 產業創新
與基礎建設

# 理解什麼是
# [ 基礎建設 ]

# 強韌又堅固的基礎建設？

上回大雨，讓道路坍塌了……

竟然這麼快就修好了！

叔叔，你們真厲害，一下就把道路修復了。

其實還有很多地方還沒有處理完善，我們幾乎沒得休息，

畢竟最近太缺人手了。

好，我也來幫忙吧！

等你10年後再來說這句話，我會更開心。

# 建設有韌性的基礎設施，促進具包容性的永續產業化和推動創新

Build resilient infrastructure, promote inclusive and sustainable industrialization and foster innovation

你曾經聽過「基礎建設」這個詞彙嗎？這指的是道路、供電系統等，各種讓我們能夠在社會上安心生活的必要設施。雖然距離我們非常近，但因為平常一直維持著正常使用的狀態，所以我們常忽略了它們的存在。

每當發生大地震或颱風，基礎建設遭到破壞，就會導致許多人沒有辦法過正常的生活。在一個經常發生災害的國家，要如何維護這些基礎建設？

有很多開發中的國家，連水、電這類最基本的基礎建設都嚴重缺乏，這不僅攸關居民的生命安全，還會產生林林總總的問題。想一想，如果沒有電可以用的話，會發生什麼問題？

如果那條路沒有修好，我就不能去買東西、旅行，或去找朋友玩了。

問題還可能更嚴重呢！例如，道路如果不通，救護車要怎麼將急診病人送到醫院去？

# 全世界的基礎建設匱乏問題

參考資料：
UN "World Population Prospects 2019"、聯合國宣傳中心（2018）《永續發展目標（SDGs）——事實與數字》

## 1 有很多人生活在沒有基礎建設的環境裡

自來水、電，以及衛生的廁所等，對我們來說是理所當然的基礎建設，但世界上也有很多人生活在沒有這些基礎建設的環境裡。

沒有辦法享受穩定電力供給的人

約 **30** 億人

世界人口的約 **39** %

沒有辦法享受基本衛生設施的人

約 **40** 億人

世界人口的約 **52** %

沒有辦法享受潔淨水資源的人

約 **8** 億人

世界人口的約 **11** %

沒有辦法享受值得信賴的電信服務的人

約 **12** 億人

世界人口的約 **16** %

## 2 沒有基礎建設，就沒有辦法發展經濟？

缺乏基礎建設不僅會造成生活上的不便，同時也會減緩經濟發展的速度，例如在非洲的一些低所得國家，因為缺乏基礎建設的關係，整體的生產降低約40%。

參考資料：
聯合國宣傳中心（2018）《永續發展目標（SDGs）——事實與數字》

交通基礎建設在經濟發展上扮演著不可或缺的角色

學校、醫院和公園也是維持日常生活的基礎建設

通訊網路亦為社會上不可或缺的基礎建設

自來水

瓦斯

## 3 網路也算是基礎建設的一部分

現在世界上，個人可以使用網路的人口只占了全世界人口的51%。由此可知，雖然網路快速發展，但全球還是只有一半的人能使用網路，而且都集中在先進國家。

▶ 最低度開發國家 P123

網路普及率

先進國家 **80.9** %

開發中國家 **45.3** %

最低度開發國家 **19.5** %

參考資料：ITU "Measuring the information Society Report 2018 volume 1"

### 1 強化基礎建設可促進經濟成長

當有了基礎建設，生產力和民眾的所得都會提升，經濟也會跟著發展。強化基礎建設能形成過去無法形成的貿易網絡，讓生活和工作都變得更加豐饒而富裕。

沒有基礎建設……

無法將物品運到城鎮上販賣。

如果鋪了道路……

把物品運到鎮上販賣！

當工作職缺和收入都增加了

可以招募更多的人了。

建立了貿易網絡之後……

多雇用一些人力，增加生產和販售吧！

如果水、電也有了……

物品加工之後可以賣更貴。

加工廠

達成經濟成長

這一帶和以前完全不同了呢！

強化基礎建設真的很重要

### 2 建立強韌的基礎建設

「強韌」的意思是「堅固」、「不容易毀損」和「具有回復力」。為了讓這個世界的發展能夠更加快速，我們必須建立更強的災害承受力、更穩定的基礎建設，並且研發新的技術。

暴風雨

地震

洪水・海嘯

乾旱

### 9 總結

約有世界人口的39%人沒有辦法享受穩定的電力供給。

● 缺乏基礎建設的國家，經濟成長會較緩慢。

● 為了促進世界的發展，需要建造更能承受風險的基礎建設，並研發新技術。

自來水的建置，是很重要的基礎建設，其中汙水的處理更是和健康以及環境衛生有關，我們希望能用到潔淨的水，也希望使用過後的水不會汙染環境，因此近年來，為了環境和永續，各地政府都在推行汙水下水道，預計115年普及率可達到46%。

自來水系統和汙水下水道，是都市中兩條重要命脈，

## 我們也能做到的SDGs

### 汙水下水道的關鍵與重要性

一個供給我們重要用水，一個是協助運送生活汙水到汙水處理廠，處理至符合標準後再排放，這樣可以減少化糞池數量、改善周遭生活環境，防止蚊蟲孳生，確保整體環境品質，也不會影響

生態。而處理後的汙水除了可以排放河川，也可以澆灌行道樹，或是用作公廁清潔等。產生的汙泥可當作肥料；過程中產生的瓦斯則可以發電，好處多多。

動手查一查，家裡附近是否已經安裝汙水下水道，汙水處理廠又是怎樣處理汙水、監控汙水的品質呢？

---

基礎建設維持著我們每一天的日常生活。但是你知道嗎？這些基礎建設可不是只要一直保持相同的狀態就行了，它們也必須不斷改善和改良，這就是「創新」的概念。舉例來說，日本在非常早的時期就建立了全國性的電話網絡，讓家家戶戶都有電話可以用，但是後來手機和Wi-Fi普及全國的時間，以整個世界來看卻比

## 池上老師小教室

### 基礎建設也需要創新

較晚。日本政府記取了這個教訓，開始投入大量的資源在資訊科技的研發上。再舉一個例子，日本的汽車工業非常發達，但是汽車排放廢氣的問題卻一直造成很大的困擾，因此日本的汽車製造廠不斷改良引擎，研發出能夠淨化排氣的新技術。像這樣靠著一次又一次的創新和努力，我們的生活才會越來越好。

**10** 減少
不平等

# 理解什麼是
# ［公平］

## 切蛋糕也講求公平

總覺得……

好像有一塊蛋糕特別小。

因為要分成5塊本來就很難嘛！

是你自己搶著要切的。

好啦！不然我吃最小的總可以了吧！

真拿你沒辦法，

我們猜拳好了。

布！

……

看來這是你的命。

好吧！我的草莓給你。

給你。

我也是。

謝謝大家！

拿去吧！

這樣就公平了吧！

可是我還想要你們的水蜜桃……

……你這個性真是讓人又愛又恨。

**10** 減少
不平等

# 減少國家內部和國家之間的不公平

Reduce inequality within and among countries

如果在考試的時候，每個人都寫了相同的答案，卻只有你的分數特別低，你應該會覺得不公平吧？

當然學校的老師不會這樣打分數，但在這個社會上，確實存在著許多「某些人吃香、某些人吃虧」的不公平現象。如果你剛好是吃香的那一邊，你會選擇說出來，還是假裝沒看見？想想看，吃虧的那一方，一定會對製造出不公平現象的這個社會感到憤怒和不信任，對吧？往往因為這樣的不公平，造成人和人之間的紛爭，甚至是國家和國家之間的戰爭，這對雙方都不是一件好事。

不公平的相反，就是「公平」。要怎樣讓這個社會變得公平，是個值得深思的問題。

讓負責切蛋糕的人最後選，應該算是公平吧……最後要大家把水果分給我，也算是一種公平吧？

公平有很多種形式，不公平也有很多種形式。「不平等」和「歧視」都是典型的不公平現象，讓我們來想一想該怎麼解決吧！

# 「不平等」是什麼意思？

參考資料：
聯合國開發計畫署（UNDP）駐日
代表事務所網站《永續發展目標》

## 1 前面10%的人口擁有多少的財富？

如今世界上排行前10%的富翁，擁有全球40%的財富。而排在後面30%的20億人口，所有財富加起來只占了全球的2～7%。打個比喻，就好像是10個人分10塊蛋糕，力氣最大的那個人就拿走4塊。

前**10%**
的富翁擁有
世界財富
**40%**

後**30%**
的窮人擁有
世界財富
**2～7%**

## 2 稅金制度讓不平等的社會變得平等

稅金制度就像是把有錢人的一部分財富取走，進行重新分配。這些徵收來的稅金，會被投入於醫療、教育、福利等維持生活所需的基礎設施之中。

向個人或
企業徵收
來的稅金

稅金

財富

醫療

教育

福利

運用在維持生活
所需的各種設施上

## 3 除了人和人之間的不平等，還必須消除國家和國家之間的不平等

要建立平等社會，除了個人間的不平等外，國家間的不平等也要重視。有專家正在研擬跨國間的新課稅制度，藉此將財富重新分配。

▶國際稅P123

把整個地球當成一個
國家，向國家或企業
課稅。

解決問題

對機票課稅

## 「歧視」是什麼意思？

### 1 不僅貧富差距，這個世界上還存在著非常多的不公平和歧視

除了財富的不平等外，世界上還存在著性別、年齡、身障、國籍、人種、民族、階級、宗教等各種原因所造成的不公和歧視，這些最後都會形成不平等的現象。

### 2 我們常以刻板印象看待他人？

每個人或多或少都會有一些偏見，例如你認為可以用血型判斷一個人的性格嗎？事實上血型和性格的關係沒有任何科學根據。由此可知想要完全不帶任何偏見，實際上相當困難。

### 3 想要讓每個人都過著平等且幸福的生活，必須要有多元的觀念

如果每個人都抱持著偏見，又透過偏見來決定是否接納他人，歧視和不平等將永遠無法從我們的社會上消失。因此，如果我們能夠擁有多元的觀念，互相認同和幫助，我們的社會一定會變得更好。

### 10 總結

- 極少數的有錢人占據了世界上的大多數財富。這個世界的貧富差距正在持續擴大。
- 要消除不平等的現象，必須透過稅金等方式對財富進行重新分配。
- 偏見是造成不公平的原因之一，要消除偏見，必須認同他人和自己的差異。

減少不平等

在國際上最知名的身心障礙者運動會，是俗稱帕運的「帕拉林匹克運動會」，在奧運閉幕後一個月於同座城市舉行。在臺灣，帕運相關事項是由中華帕拉林匹克總會負責，總會會定期開課，向民眾傳達身心障礙者平權意識的觀念，也會辦理相關體驗活動。

在臺灣，每兩年亦會舉辦全國身心障礙國民運動會，讓

## 我們也能做到的SDGs

### 身心障礙者運動會

身心不便的民眾有更多競技運動的舞臺能夠發揮，創造身心運動平權。此外，臺灣各地也常舉行像是「我是你的眼」之類的視障公益路跑比賽，透過這樣的活動，一方面提供視障者路跑舞臺，另一方面透過陪跑活動，讓民眾對於視障者跑步的各種不便可以感同身受，對於不平等的對待會有更深刻的感受。

輪椅籃球

---

我們在目標1的時候，曾經稍微提過貧窮分為「絕對貧窮」和「相對貧窮」。開發中國家的民眾因缺乏食物而餓死的狀況，就是「絕對貧窮」；而在一些富裕的國家裡，有些人比周遭的其他人貧窮得多，這種情況就是「相對貧窮」。我們可以藉由計算「吉尼係數」，來得知一個國家的貧富差距。這個係數是由義大利的

## 池上老師小教室

### 什麼是吉尼係數？

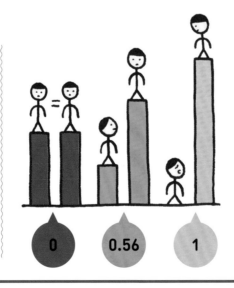

| 0 | 0.56 | 1 |

統計學家科拉多・吉尼所設計，以0代表完全公平，以1代表由1個人獨占全國的財富，數字越小表示越公平。根據2017年的調查，日本的吉尼係數為0.56。從吉尼係數的變化看起來，日本的貧富差距正在逐漸擴大。

※依據行政院主計總處2021年調查，臺灣的吉尼係數為0.277。

11 永續城市
與社區

學習關於
[ 城鄉差距 ]
的知識

## 大家都想到大都市去嗎？

今天來東京玩得好開心！

嗯，不過有點累。

等畢業後，一定要到東京去！雖然我不知道能做什麼工作。

啊！去紐約也不錯，

巴黎或倫敦也很時髦！等老了之後，

就搬到夏威夷！

可是……住在國外會不會很危險？還有治安問題。

你太杞人憂天了，不去看看怎麼會知道？

……也對，但我覺得大都市裡太繁雜，心情會很緊繃。我喜歡我們的鄉下，雖然什麼都沒有，但是輕鬆得多。

不過我想你住在哪裡應該都能適應。

ZZZ……

**11 永續城市與社區**

# 建設包容、安全、具韌性與永續發展的城市和人類居住地區

Make cities and human settlements inclusive, safe, resilient and sustainable

東京的總人口約1400萬人（2019年）。全日本的人口之中，每10個人就有1個人住在東京。如果計算整個首都圈，也就是把東京都周圍的縣也算進去，全日本更是每3個人就有1個人住在這個區域。

日本有47個都道府縣，為什麼大多數的人口都集中在東京附近？最重要的理由之一，就在於大多數的公司和店家都在東京，所以容易找到工作。除此之外，東京有很多美術館之類的文化設施，而且經常舉辦音樂、體育等各方面的活動，這些都是東京的魅力所在。但不管是東京還是其他都市，當太多人集中在都市時，就容易出現一些不好的現象，像是尖峰時段的擁擠電車。

世界上的大都市各自有著不同的問題。以下我們就來想一想，關於「建立城鄉」的種種問題吧！

常在電視上看到大都市上下班尖峰時間的電車超擁擠，我不想搭那樣的電車。

尖峰時段的電車擁塞問題，也是人口過於集中在都市的「都市問題」之一。其他像是開發中國家的大都市，因為汽車突然大量增加的關係，通常有著嚴重的塞車和空氣汙染問題呢！

# 人口過於集中在都市的問題

## 1 全世界人口約有一半居住在都市地區？

如今全世界人口約有一半（35億人口）集中在都市地區。尤其是開發中國家，人口暴增再加上過度集中於都市，衍生出了非常多的問題。

參考資料：
UN "World Population Prospects 2019"、聯合國宣傳中心
（2019）《SDGs系列「為什麼重要」改訂版》

## 2 「貧民窟」的形成也是都市問題之一

都市裡有時會出現一些大量貧窮民眾聚集的地區，稱作「貧民窟」。目前全世界約有8.3億人口居住在各地的貧民窟內，而且人數越來越多（特別是開發中國家）。

參考資料：聯合國宣傳中心（2019）《SDGs系列「為什麼重要」改訂版》

都市面積在整個地球的陸地面積中只占 **3%**

住處很小，房租卻很貴。

空氣汙染

垃圾問題

人口集中導致過度密集

這裡人太多了，租不到房子。

犯罪率增加

發生災害時會嚴重受創

住宅不足

貧民窟化

### 貧民窟化的原因

1. 大量民眾為了找工作而集中在都市地區

   ▼

2. 由於能居住的土地有限，特定地區常會出現人口過度密集的現象

   ▼

3. 人口越來越多，但環境沒有隨之調整，這些地區就會形成貧民窟

4. 有些人甚至會因此沒地方住，犯罪率也隨之增加

   ▼

5. 最後環境愈加惡化，陷入惡性循環

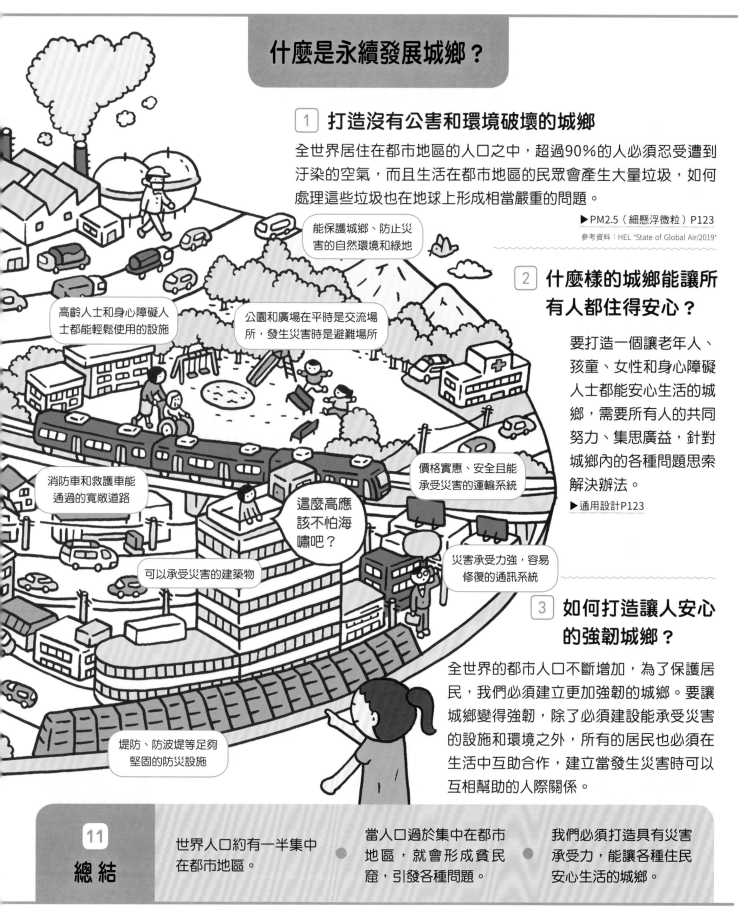

# 什麼是永續發展城鄉？

## 1 打造沒有公害和環境破壞的城鄉

全世界居住在都市地區的人口之中，超過90％的人必須忍受遭到汙染的空氣，而且生活在都市地區的民眾會產生大量垃圾，如何處理這些垃圾也在地球上形成相當嚴重的問題。

▶ PM2.5（細懸浮微粒）P123

參考資料：HEL "State of Global Air/2019"

能保護城鄉、防止災害的自然環境和綠地

高齡人士和身心障礙人士都能輕鬆使用的設施

公園和廣場在平時是交流場所，發生災害時是避難場所

消防車和救護車能通過的寬敞道路

這麼高應該不怕海嘯吧？

價格實惠、安全且能承受災害的運輸系統

可以承受災害的建築物

災害承受力強，容易修復的通訊系統

堤防、防波堤等足夠堅固的防災設施

## 2 什麼樣的城鄉能讓所有人都住得安心？

要打造一個讓老年人、孩童、女性和身心障礙人士都能安心生活的城鄉，需要所有人的共同努力、集思廣益，針對城鄉內的各種問題思索解決辦法。

▶ 通用設計P123

## 3 如何打造讓人安心的強韌城鄉？

全世界的都市人口不斷增加，為了保護居民，我們必須建立更加強韌的城鄉。要讓城鄉變得強韌，除了必須建設能承受災害的設施和環境之外，所有的居民也必須在生活中互助合作，建立當發生災害時可以互相幫助的人際關係。

## 11 總結

世界人口約有一半集中在都市地區。

● 當人口過於集中在都市地區，就會形成貧民窟，引發各種問題。

● 我們必須打造具有災害承受力，能讓各種住民安心生活的城鄉。

我們平常在生活使用上毫無問題的各種設施和設備，有很多其實對身心障礙人士、老年人、帶著嬰兒的人士和外國人來說相當不方便，但我們卻很少注意到。例如門口設有階梯的建築物，坐輪椅的人如何獨自進入？你可以試著換位思考，將自己當成坐輪椅的人，或者把自己當成語言不通的外國人，到街上去體驗看看，哪

## 想一想，對誰來說不方便？

些設施會讓自己感到不便。當你找到這些對某些人來說不方便的設施之後，接著可以思考應該怎麼做，才能改善這個問題。

斜坡

自動開關的馬桶蓋

感應式水龍頭

無障礙公車

---

都市裡有著許多聲光刺激，住起來比較有趣，對吧？但因為都市節奏往往太忙碌，生活其中容易感到疲累，因此有些人會選擇居住在生活步調較悠閒的鄉下，偶爾到都市裡遊玩即可。以日本的情況來說，大多數的人還是會對都市（尤其是東京）抱持著憧憬，因而從鄉下搬到都市生活，這麼一來，就造成鄉下地方年輕

# 池上老師小教室

## 少子高齡化和空屋問題

人不足，孩童的數量也越來越少，老年人的比例過高，形成了「少子高齡化」的現象。

當人口減少時，當然會出現很多空屋。如果把全日本的空屋面積加起來，大約相當於整個九州的面積（約等同臺灣面積）。有些人認為如果可以對這些空屋進行重新開發，興建成容易吸引人潮聚集的遊樂設施，應該能讓鄉村生活再次變得熱鬧而活絡。

**12** 負責任的消費
與生產模式

學習關於
[消費和生產]
的知識

86

**12** 負責任的消費
與生產模式

# 確保永續的消費和生產模式

Ensure sustainable consumption and
production patterns

很多東西製造出來之
後，沒有被使用過就
遭到丟棄，不僅製造
者會難過，而且十分
浪費資源。

我們常聽到「不能浪費」、「好可
惜」這些話，但你是否曾想過，為什麼不
能浪費？

大多數的人最常浪費的東西，就是食
物。可能一個不小心買了太多的食材，或
在餐廳裡點了太多的菜。除了食物之外，
還有很多東西可能造成浪費，像是東西明
明還能用，卻買了新的；或是水龍頭打開
之後就沒有關……當然也有可能是產品製
造者的問題，例如明知會被浪費，還是大
量製造，或在製造的過程中，對地球環境
或對負責製造的員工造成了太大的負擔。

不管是「消費」的一方還是「生產」
的一方，都必須對浪費的問題負起責任。
現在讓我們一起思考，應該對浪費的問題
抱持什麼觀念，以及應該如何加以改善？

用完就丟的塑膠
袋，不但浪費材
料、人力、運轉機
器的能源，以及運
送產品的燃料等，
還會對環境造成不
良影響。

# 生產和消費上的浪費行為會毀滅地球？

## 1 全世界浪費了多少食物？

全世界每年生產的食物之中，約有三分之一（13億噸）因為過期、變質而遭到丟棄。丟棄食物是種浪費的行為，以農產品為例，丟棄就等於是浪費當初耕種時使用的土地和水，而且還會破壞環境。

參考資料：JAICAF（2011）《世界的食物耗損與浪費》

### 食物耗損對環境造成的影響

浪費耕種時的土地和水

造成環境破壞和缺水問題

把食物當成垃圾燒掉

導致氣候變遷和災害

## 2 日本的食物耗損問題相當嚴重

食物遭到浪費、拋棄的現象，稱作「食物耗損」。像日本的食物耗損問題就相當嚴重，每年遭廢棄的食物多達620萬噸，相當於日本人民每天丟掉1碗的食物。

日本每年的食物耗損約620萬噸

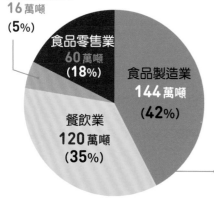

食品批發業 16萬噸（5%）
食品零售業 60萬噸（18%）
食品製造業 144萬噸（42%）
餐飲業 120萬噸（35%）

事業類340萬噸的細項

參考資料：日本農林水產省《餐飲業的食物耗損量》

家庭類
約 280 萬噸
剩食、（蒂頭或外皮）過度切除、直接拋棄等。

+

事業類
約 340 萬噸
不符規格、退貨、沒有賣完、吃不完等。

## 3 遭到浪費的不是只有食物而已

並非只有食物會遭到浪費，石油、瓦斯等化石燃料，以及水資源、森林資源（如紙張）也可能被虛耗並造成環境的破壞，這些浪費會讓我們失去安心和安全的未來。

石油、瓦斯、煤炭等化石燃料

紙張、木製品等森林資源

生活用水等水資源

# 讓唯一的地球永久存續

## 1 這樣下去一個地球根本不夠？

如今我們的資源消費量，已經超過了一個地球可以維持的量。根據推估，到了2030年，我們的資源消費量將需要兩個地球才能維持，而且主要的消費，都集中在先進國家。

▶生態足跡P123

參考資料：Global Footprint Network "National Footprint Accounts 2018"

**維持資源消費量所需要的地球數量**

| | |
|---|---|
| 世界平均 | 1.7個 |
| 日本 | 2.8個 |
| 美國 | 5個 |
| 德國 | 3個 |

沒想到我們過著要這麼多個地球才能維持的生活……

## 2 想守護地球和資源，「生產的責任」也很重要

造成環境破壞和資源枯竭的原因，並不是只有消費而已，過度的生產也會帶來負面的影響，當生產消耗太多資源時，就會陷入「地球上的資源不夠用」的狀態。

庫存過多。

必須以不傷害環境的方法，生產適量的產品。

**R** educe（減少）
減少產生的垃圾量

**R** euse（重複使用）
盡量物盡其用，不要輕易丟棄

減少廢棄物的 **4R**

**R** ecycle（回收再利用）
當成資源加以回收

**R** efuse（拒絕）
拒絕拿取或購買不需要的東西

## 3 如何在唯一的地球上長久存續下去？

人類想要在地球上長久生存下去，就不能浪費任何資源，所以打造環境和社會的時候，不得不考慮到未來的狀況，因此不管是生產面還是消費面，都必須秉持著「環保生產」、「環保消費」的理念。 ▶產品生命週期P123

---

**12 總結**

- 食物耗損不僅是相當浪費的行為，還會破壞環境。
- 燃料、水、森林等資源的浪費，也會造成環境的破壞。
- 要保護我們的地球，不管是在生產面還是消費面，都必須顧慮環境的問題。

T恤原料中的棉花在栽種過程中通常會使用農藥，這對自然環境和生產者的健康會造成不良影響。但如果是有機T恤，由於材料中的棉花採用無農藥栽種法，不僅不會汙染水質和土壤，生產者也不會因為農藥而遭受健康上的危害。

然而現今有機棉花的生產量，不到農藥栽種棉花的1％。如果全世界的人都能選

## 我們也能做到的SDGs

### 購買有機T恤

擇購買有機棉花所製造的T恤，無農藥栽種棉花的農場就會增加，對地球的環境與生產者的健康和生活都能發揮守護的效果。

傳統棉花栽種方式的問題

**農藥問題**
除了農藥會造成水質和土壤的汙染之外，基因改造品種的影響也令人擔心。

**童工問題**
在盛行栽種棉花的印度，有些兒童被迫從事勞動，沒有辦法到學校上課。

---

當你把吃不完的食物丟掉時，如果想到世界上有很多人正在餓著肚子，是否會感到心痛呢？為了整個世界著想，我們有必要好好想一想該怎麼消費才是正確的方式，例如最近有越來越多的餐廳，接受客人將吃不完的料理打包帶回去。另外，買東西的時候，不是常見店員替商品包上好幾層包裝紙嗎？廠商或店家這麼做，是

## 池上老師小教室

### 思考「聰明購物的方法」

因為他們認為「客人希望這麼做」，但這樣的做法會造成紙張的浪費。站在消費者的立場，應該不會希望我們的購物行為破壞環境吧！因此買東西的時候，如果每個客人都能對店員說「不用包裝，我直接帶走」，相信店家的態度和觀念也會逐漸改變。

讓我們一起思考「聰明購物的方法」吧！

**13** 氣候
行動

理解什麼是
［**氣候變遷**］

好，大家休息一下！

## 一整年都是夏天？

聽說今天創下了歷年9月的最高氣溫。

咦？

不要說，越說我越熱！

但是氣溫真的是一年比一年熱，

天氣預報也常說這是氣候異常。

這樣下去，四季會不會只剩下夏天？

沒關係，反正我最喜歡的季節就是夏天。

我最討厭寒冷了。

那怎麼行！

秋高氣爽的秋天最舒服，秋刀魚、烤地瓜，還有栗子都很好吃。

春天可以賞花，還可以享用新鮮的竹筍飯。

冬天可以吃火鍋和橘子，在暖桌裡睡覺超舒服。

夏天是打棒球的季節，啊！冰鎮小黃瓜最美味了！

像這樣的四季分明，是日本的優點！

怎麼幾乎都是食物。

……

**13** 氣候
行動

# 採取緊急行動應對氣候變遷和其衝擊

Take urgent action to combat climate change and its impacts

最近這些年，夏天熱到沒辦法出去玩的日子一年比一年增加，颱風和豪大雨也比從前更加強烈，極端氣候經常對民眾的生活造成威脅。專家推測這是因為地球的平均氣溫正在不斷上升的關係。

像這樣的氣候變遷，對植物和動物也會造成相當大的影響。動植物沒有辦法像人類一樣吹冷氣，一旦失去原本的生活環境，有些可能就此滅絕。

為什麼會出現這樣的狀況？該怎麼解決？我們必須先找出問題的原因，思考如何從根本上處理，並且設法讓目前已存在的傷害和未來可能造成的影響降至最低，需要大家一起努力。

請翻到下一頁，一起思考我們能為這個問題做些什麼事吧！

要是繼續熱下去，日本會不會直接變成熱帶國家，就再也沒有四季了？

四季不太可能因氣溫上升而消失，但每個季節的平均氣溫可能都會升高，夏天則會比以前更加炎熱。

# 暖化和災害

## 1 異常氣候和全球暖化

近年來，發生極端高溫或豪大雨等異常氣候的頻率增加了。專家推測原因是溫室效應氣體造成全球暖化，導致空氣中的水蒸氣增加的緣故，更令人擔憂的是溫室效應氣體的排放量如今依然持續增加。

世界平均氣溫變化

從1880年至2012年，氣溫上升了0.85℃。

°C

參考資料：IPCC《氣候變遷2013自然科學的根據（給決策者的概要）》

### 豪大雨

除了會引發洪水和土石流之外，還會導致農作物收成不佳

### 熱浪

會影響農作物和自然環境，也可能造成人類中暑

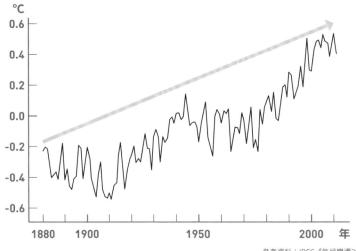

太陽

溫室效應氣體

### 颱風、颶風

暴風雨會帶來相當大的災情

## 2 各種異常氣候和天然災害

全球暖化除了會造成氣溫變化之外，還會引發颶風、颱風、集中豪雨、海平面上升等現象，此外也會讓熱浪、乾旱的發生機率更加頻繁。

### 乾旱

會導致農作物收成不佳和缺水問題

# 氣候變遷問題有辦法解決嗎？

## 1 二氧化碳是從哪裡來的？

造成全球暖化的主因是二氧化碳，這些二氧化碳主要來自於發電廠、工廠和汽車。在理解這一點後，接著我們必須從兩個方向來思考這個問題：一是如何減少二氧化碳的排放量、二是如何減少全球暖化所造成的災害。

參考資料：日本溫室效應氣體調查辦公室《日本1990～2017年度的溫室效應氣體排出量資料》中2017年的數據

日本各部門二氧化碳排放比例

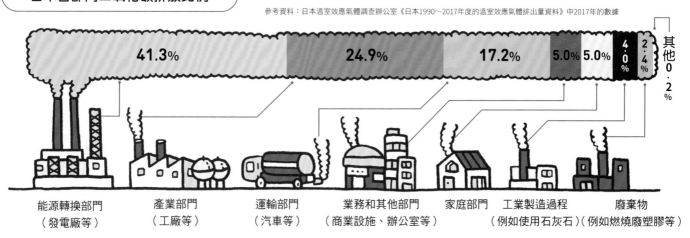

| 41.3% | 24.9% | 17.2% | 5.0% | 5.0% | 4.0% | 2.4% | 其他0.2% |

能源轉換部門（發電廠等）　產業部門（工廠等）　運輸部門（汽車等）　業務和其他部門（商業設施、辦公室等）　家庭部門　工業製造過程（例如使用石灰石）　廢棄物（例如燃燒廢塑膠等）

## 2 有何具體對策能解決氣候變遷的問題？

不管是先進國家還是開發中國家，都在2015年共同簽署了《巴黎協定》，目標是將溫室效應氣體的排放量在21世紀後期降至零。世界各國簽署像這樣的全球性協定，有助於讓世人理解「解決氣候變遷問題是所有人的責任」。

▶《巴黎協定》P123

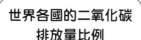
世界各國的二氧化碳排放量比例

其他國家 40.3%
中國 28.0%
美國 15.0%
印度 6.4%
俄羅斯 4.5%
德國 2.3%
日本 3.5%

參考資料：EDMC《能源·經濟統計要覽2019年版》

## 3 「順應」氣候變遷也是目標之一

氣候變遷會引發的災害，包含了洪水、土石流、大漲潮、巨浪、乾旱、熱浪等。我們除了必須設法減少氣候變遷之外，同時也需要由政府、企業和民眾共同努力，對抗或順應這些災害。

國內順應災害的各方職責

政府
●製作和推行指導手冊
●打造能順應災害的環境
●向地方上的相關人士進行宣導

民眾
●順應行動的實施
●順應行動的配合

企業
●依照各事業性質推動對災害的順應
●推動有助於順應災害的商業活動

參考資料：日本環境省《關於氣候變遷適應計畫》

---

**13 總結**

因為全球暖化的關係，異常氣候在世界各地都有增加的趨勢。

造成暖化的主因是溫室效應氣體，這些氣體如今依然在持續增加中。

想要抑制溫室效應氣體的排放，需要全世界所有人的共同努力。

所謂災害避難地圖，指的是標示出了發生天然災害時的預測受害地區、避難地點和避難路線等資訊的地圖。各地區可能發生的天然災害不盡相同，也許是河川氾濫、地震、火山噴發、海嘯、大漲潮等，地方政府機關會依照不同的災害種類，繪製出適合該地區的災害避難地圖。調查一下，你居住的地區可能發生什麼天然

## 我們也能做到的SDGs

### 確認災害避難地圖

災害？以災害避難地圖確認從住家前往避難路線或避難地點的動線，並和家人討論當發生災害時的應對方式吧！在災害發生前的確認和溝通相當重要。

※臺灣相關災害潛勢資料可上「國家災害防救科技中心」查詢（https://www.ncdr.nat.gov.tw/）。

攝影提供：品川區

東京的品川區，似乎是目黑川流域比較危險。

整個下游都是可能淹水的地區。

最近這幾年經常有強烈颱風來襲，大多數的人就算沒有親身經歷過，應該也看過電視新聞上的畫面。形成颱風的能量，來自於從海面蒸發的水蒸氣，因此如果島嶼周邊的海面水溫升高，就會釋放出更多的水蒸氣，讓颱風變得更加強勁。由此可知隨著全球暖化越來越嚴重，颱風所造成的傷害必定會越來越大。此外，當天

## 池上老師小教室

### 全球暖化帶來的問題

氣漸趨炎熱，也可能開始流行原本只流行於熱帶地區的可怕傳染病。全球暖化造成冰山融化和海水膨脹，全世界的海平面在未來還會持續上升，可能有些島嶼會從此沉沒。這麼一來，原本住在島上的居民就會成為難民，但這些難民能逃往什麼國家？可見全球暖化問題並非只是讓天氣變熱而已。

**14** 保育
海洋生態

學習關於
[ 海洋環境 ]
的知識

人類給海洋添了很多麻煩！

人類就是
這麼糟。

## 14 保育海洋生態

# 保護和永續利用海洋與海洋資源，促進永續發展

Conserve and sustainably use the oceans, seas and marine resources for sustainable development

不管喜不喜歡大海，不論住得離海近不近，我們每個人都得仰賴大海才能生存下去。

大海可以吸收來自太陽的能量，調節地球的溫度，讓許多能提供氧氣的浮游生物居住其中……又或者，簡單來說大海提供各種海鮮食物，不管是捕撈這些海鮮的人，或購買這些海鮮來吃的人，都蒙受了來自大海的恩惠。雖然有些魚貝類是採用養殖的方式，但是大多數海鮮還是來自於自然界的大海之中，尤其是日本，海鮮的消費量在世界上可謂名列前茅。

但如今因為人類捕撈太多海洋生物，再加上將大量的垃圾和廢棄汙水排入海中，導致海中的環境越來越惡化。再這麼下去，有一天我們可能再也沒有辦法接受來自海洋的恩惠。每個人都應該好好思考，該如何才能和大海和平相處。

我很喜歡海，但是塑膠垃圾太多了，實在撿不完。

全世界的海洋是連在一起的，排入海中的垃圾和汙水會擴散至很遠的地方，正因如此，要讓大海變乾淨是一件很難的事。

# 吃魚會破壞環境？

## 1 將來我們可能會吃不到魚？

人類在全世界的海中捕撈太多魚、蝦、貝類等海中生物，導致漁獲量一年比一年減少，並使許多海中生物瀕臨滅絕的危機。再這樣下去，未來我們可能會完全無法獲得來自大海的恩惠和利益。

參考資料：依據日本水產廳《平成29年度水產白皮書》中的資料繪製

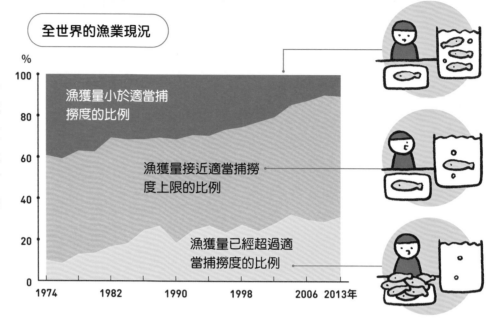

全世界的漁業現況

漁獲量小於適當捕撈度的比例

漁獲量接近適當捕撈度上限的比例

漁獲量已經超過適當捕撈度的比例

（橫軸）1974　1982　1990　1998　2006　2013年

## 2 日本人吃了多少魚？

日本每年自國外進口海鮮的金額為世界第二名，僅次於美國。從消費量來看，則是世界第三名。日本作為名列前茅的海鮮消費國，對於世界漁業的未來背負著相當大的責任。

參考資料：FAO Fishstat《世界漁業・養殖業白皮書2016年》、日本農林水產省（2017）《食物供需表》

※依臺灣行政院農業委員會統計，2021年臺灣人的食用魚量是13.33公斤。

日本人每人每年的魚類消費量
**45.5公斤**

## 3 如何建立永續捕撈海鮮的機制？

想要維持海中生物多樣性，就必須一定程度限制漁民的漁獲量，或協助靠漁業維生的相關人士找到其他的工作，這得由各國政府互相幫助才能實現。

民宿 魚丸

為了推動觀光產業，請你經營民宿如何？

政府

現在已經過度捕撈，請不要再捕魚了。

# 什麼是海洋汙染？

海洋汙染的原因

來自河川或空氣中的農藥

工廠和家庭排放的廢水

個人丟棄的垃圾

各種垃圾和其他廢棄物

油輪沉沒等事件導致石油外洩

## 1 海洋汙染會對人類造成危害

人類所排放的大量垃圾和汙水，汙染了全世界的海洋。塑膠垃圾和農藥等有害物質不僅會傷害海中生物，最後也會對我們人類造成不良影響。

## 2 持續汙染地球的塑膠垃圾

人類製造出來的塑膠，會對生物造成相當大的危害，如今每年依然有超過800萬噸的塑膠垃圾流入海中。

參考資料：聯合國宣傳中心網站

塑膠垃圾進入海中

塑膠碎裂成微小的碎塊

這些魚又被人類吃掉，最後危害人類的健康……

這些碎塊被魚類或鳥類吃掉

人類製造出來的東西，最後害了人類自己……

---

## 14 總結

約有30%的海產資源都處於過度捕撈的狀態。

● 日本作為海鮮消費大國一員，必須設法建立漁業的正常機制。

● 塑膠垃圾不僅會汙染海洋，最終也會危害人類自身的健康。

無論是在便利商店或自動販賣機，隨時都能買到寶特瓶裝的飲料，確實相當方便，但每次購買都會產生塑膠垃圾，實在太不環保。如果可以隨身攜帶自己的環保杯，裝水或盛裝飲料，就能減少垃圾的產生。

若有各種尺寸的環保杯，因應各種不同需求，就會更加方便，例如短暫外出時可以帶

## 我們也能做到的SDGs

### 擁有自己的環保杯

500毫升的環保杯，十分輕巧；出遠門和運動時則攜帶1公升的環保杯，才能顧及飲水需求。如今臺灣已經開始推動「自備環保杯、環保壺活動」，並且為了推廣祭出許多優惠配套。

真空保溫瓶

---

2019年夏天的秋刀魚捕獲量創下歷年來的新低，價格也因此大幅上漲。秋刀魚原本是相當便宜的魚，但這種情況持續下去，未來秋刀魚可能會變成高級魚種的代名詞。說起高級魚種，大家可能會想到鮪魚，的確因為太多人喜歡吃鮪魚，如今全世界的鮪魚需求量越來越高，在海中也越來越難捕撈到。

## 池上老師小教室

### 把「從海中捕撈」變成「在海中養殖」

斑節蝦

鯛魚　　　鮪魚

如果捕魚時總是把所有的魚一網打盡，總有一天海裡會完全沒有魚，因此各國必須達成共識，在捕魚的時候盡量讓魚群維持在一定的數量，也因為這個緣故，日本現在正在進行鮪魚和鰻魚的養殖研究，把「從海中捕撈」變成「在海中養殖」。

**15** 保育
陸域生態

理解什麼是
[ **生物多樣性** ]

啊啊啊

## 我們都是生物界的一分子

姐，你在做什麼？

好、好像有東西在飛！

唉唷！只是一隻可愛的金龜子。

不要給我看，趕快弄死或丟出去！

怎麼這樣，又不是小強。

對我來說金龜子和蟑螂是一樣的東西！

我真希望這些昆蟲

全部都從世界上消失！

那可不行！

假如昆蟲死光了，靠昆蟲授粉的植物會跟著死亡，接著

吃昆蟲維生的小動物無法存活，

到最後以植物和小動物為食的人類就會滅絕。

不僅人類會滅亡，地球還可能會完蛋。

不管啦！總之你快拿走。

所有的生物彼此都會相互依存，互相影響。

所以我剛剛幫了你，你是不是應該給點東西當作回報？

這是勒索嗎？

# 保育、恢復和永續利用陸域生態系，永續管理森林，抑制沙漠化，防止土地劣化，遏止生物多樣性的喪失並加以恢復

Protect, restore and promote sustainable use of terrestrial ecosystems, sustainably manage forests, combat desertification, and halt and reverse land degradation and halt biodiversity loss

大多數的人都希望蜘蛛和蛇從世界上消失，卻希望保護海豚和大貓熊。但如果只讓喜歡的生物留下，到最後包含人類自己，所有的生物都無法存活。另一方面，有些生物因為相當受人類喜愛，很多人願意以高價收購，結果導致這些生物遭到大量捕捉。

在我們的自然界裡有數百萬種的生物彼此間形成相當複雜的關係，人類的生命和生活能維持下去，就是仰賴地球上這麼多生物的交互作用，這些極為複雜的生物現象，稱為「生物多樣性」。但如今人類為了追求產業和文明發展，導致許多生物面臨滅絕的命運，生物的大量滅絕對人類來說，是相當嚴重的問題。

任何一種生物一旦滅絕，都會造成自然界失去平衡。現在讓我們一起思考，我們能做些什麼事來維持生物多樣性，以及保持自然界的平衡？

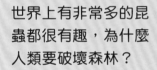

世界上有非常多的昆蟲都很有趣，為什麼人類要破壞森林？

開發中國家有很多民眾為了討生活，必須靠開闢森林來製造耕地。我們在思考如何保護生物多樣性的時候，也得將這些民眾的現況考慮進去。

# 陸地生物也正快速步上滅亡之路？

## 1 面臨滅絕危機的生物

地球曾經發生過好幾次生物大滅絕，其中恐龍滅絕正是最廣為人知的例子，即使到了現代，依然有許多生物瀕臨滅亡的危機。曾經有調查團隊調查超過10萬種的生物，發現其中有約27％正面臨絕種的危機。隨著調查的進展，不斷還有瀕臨絕種危機的生物被發現。

### 瀕臨滅絕危機生物的細項

真菌類・原生生物**100種**

魚類**2500種**

無脊椎動物 **5100種**

脊椎動物

調查對象的27% 約**2.8萬種**

植物 **14400種**

兩生類 **2200種**

爬蟲類**1400種**

鳥類**1500種**

哺乳類**1200種**

參考資料：IUCN "Red List version 2019-2: Table 1a"
※百位數以下四捨五入

### 生物滅絕的主要原因

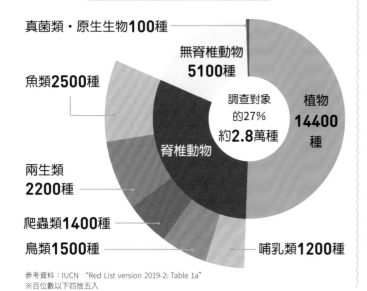

棲息地減少

森林砍伐

外來種侵略

狩獵

濫捕

盜獵

## 2 為什麼生物滅絕速度越來越快？

狩獵和森林砍伐之類的環境破壞，都會導致生物滅絕。根據專家的推估，地球上全部生物種類的80％都集中在非洲、中南美洲和東南亞的熱帶雨林內，這些熱帶雨林的快速減少，是導致生物滅絕速度越來越快的主因。

## 3 生物滅絕會造成什麼結果？

當人類破壞環境，生物就會快速步上滅絕之路，這意味著生態系統也會亂掉。所謂「生態系統」，指的是一個地區內所有生物和其周圍的自然環境。當生態系統亂掉，對所有的生物都會造成影響，當然人類也不例外。

一旦沒有森林，我們就沒有水和食物了。

過度狩獵，導致動物都死光了。

## 怎麼做才能保護生物多樣性？

> 河川、溼地、湖沼等大自然環境，能保護、維持生物多樣性。

溼地
蜻蜓

森林
狸貓

河川
青鱂魚

湖沼
美國螯蝦

### 1 最重要的是保護和恢復森林與生活周遭的自然環境

我們所居住的陸地，有著森林、溼地、河川、湖沼等各式各樣的自然環境，棲息著各種不同的生物。保護好這些自然環境，就能保護生物多樣性。

▶生物多樣性P123

### 2 外來種大量繁殖，會危害原本的生態系

所謂「外來種」，指的是原本沒有棲息於該地區，但被人類基於各種理由帶進來的外來生物。當原本不存在的外來種增加太多，本來維持著平衡的生態系就會亂掉。

**生物多樣性熱點**

擁有多樣化生態系的地區，稱作「生物多樣性熱點」。

**全世界共有 36 個地區**
（2017年的資料）

**威脅日本生態系的外來種**

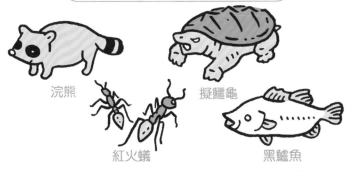

浣熊

擬鱷龜

紅火蟻

黑鱸魚

※臺灣十大外來入侵物種：小花蔓澤蘭、福壽螺、布袋蓮、松材線蟲、入侵紅火蟻、中國梨木蝨、蘇鐵白輪盾介殼蟲、河殼菜蛤、緬甸小鼠、多線南蜥。（資料來源：行政院農委會林務局）

### 3 保護生物多樣性的重要性

生態系是非常纖細的系統，或許有人會認為「少一種生物不會造成什麼影響」，但微妙的變化很可能就會造成整個生態系失去平衡。想要保持平衡，我們就必須保護地球上的生物多樣性。

### 15 總結

- 生物滅絕會讓生態系失去平衡。
- 除了人類的活動之外，外來種也可能會毀掉一整個生態系。
- 一旦喪失了生物多樣性，生態系就會失去平衡，對人類的生活亦會造成相當大的影響。

在臺灣，有不少瀕危物種，而近年來討論度最高的便是「石虎」。石虎生活在淺山地區，過去幾乎遍布全臺，但因為人類生活範圍擴大，衝擊到石虎棲地，如今僅剩下苗栗、臺中和南投一帶有石虎的蹤影。在日本，和人民生活息息相關的農地和山林稱為「里地里山」，因此臺灣也有所謂的里山倡議，其核心概念是呼

## 我們也能做到的SDGs

### 調查臺灣的瀕臨滅絕物種

籲人類發展需達到生活、生產與生態之「三生共構」的永續方式，謀求兼顧生物多樣性和資源永續利用之間的平衡。

以石虎為例，希冀做到在保育過程中不影響居民生計，而在

追求生計過程中，也不影響到石虎的棲地，例如搭建野生動物跨河友善通道，降低路殺風險；志工協助補強雞舍圍籬，隔絕石虎入侵，降低農民和石虎的衝突。

除了石虎之外，上網查一查，臺灣還有哪些生物列入國際自然保育聯盟的紅皮書中？這表示這些生物正面臨滅絕命運。進而思考該如何在三生共構下幫助這些生物生存。▶里地里山P123

---

以下舉一個生物會相互影響的典型例子。在非洲的模里西斯島，原本棲息著一種名叫「渡渡鳥」的鳥類。這種鳥不會飛，相當容易捕捉，經常被人類當作食物，因為長期遭到濫捕的關係，渡渡鳥後來滅絕了。如今島上有一種名為「大櫨欖樹（又稱渡渡樹）」的樹種也正面臨滅絕的危機。

根據研究，大櫨欖樹的種

## 池上老師小教室

### 生物滅絕會帶來什麼結果？

子非常堅硬，沒有辦法自行破殼發芽，必須靠渡渡鳥吃掉種子，把殼消化掉之後將種子排出體外，種子才能發芽。但由於渡渡鳥滅絕了，沒有其他生物可以肩負相同的職責，導致大櫨欖樹再也沒有辦法增加同伴。由此可知，一種生物的滅絕，可能對其他生物造成相當大的影響。

**16** 和平、正義
與健全的制度

學習關於
［**和平和公正**］
的知識

你別太過分了！

是你先說我的吧！

好了，你們在吵什麼？

這傢伙取笑我的髮型！

是你先說我是瘦皮猴！

你本來就是瘦皮猴！

我就吃不胖，有什麼辦法！

我自然捲也是體質！

住手！

……

上次我們3人不是已經說好了嗎？

以後只要吵架，

就用「大眼瞪小眼」分出高下。

誰要跟這傢伙……

等等。

說好的規則一定要遵守，懂嗎？

先笑的就輸了……開始！

社會

嗚嗚……

嗚嗚……

噗！

噗噗！

為什麼我會笑出來？

你長得太好笑了！

你也是！

幸好有先訂了規則，對吧？

110

# 16 和平、正義與健全的制度

創建和平與包容的社會以促進永續發展，為所有人提供司法之可及性，在各層級建立有效、負責和包容的制度

Promote peaceful and inclusive societies for sustainable development, provide access to justice for all and build effective, accountable and inclusive institutions at all levels

任何人都有生氣或與他人意見不合的時候，這不是什麼壞事，也沒有改進的必要，畢竟活在世上難免會遇到一些糾紛。同樣的，國家和國家之間會有對立的紛爭，有權有勢的人和沒有權勢的人之間也會有各種難以解決的問題。

但當發生爭執時，如果憑「武力」來解決，不僅會造成相當大的犧牲，還會讓問題更加複雜。為了避免陷入這樣的狀況，需要事先訂定規則，那就是法律。

社會是由非常多的人所共同經營，要讓社會維持和平絕對不是一件容易的事。在這個世界上，有很多地區因為缺乏公正的規則，或規則沒有辦法落實，導致很多民眾深陷在戰爭、紛爭或政府的欺壓之下。下一頁起，我們除了了解目前的現況之外，也會一起探討有什麼是我們能做到的事情。

> 體育競賽也是因為有規則，所以才那麼有趣。無論什麼競賽，都講求「公正」。

> 社會的行為規則就是法律。當然並不是只要有法律就行了，如果法律沒有受到遵守，或法律本身不夠公正，還是沒有用。

# 世界上總是存在著紛爭和暴力

## 1 世界上的孩童，每9人就有1人生活在紛爭地區

世界上的孩童每9人就有1人，約共2.5億人生活在紛爭地區。居住在紛爭地區的孩童，5歲之前死亡的比例是其他地區的2倍。

參考資料：日本UNICEF協會網站

### 世界上主要的紛爭地區（2018年）

烏克蘭東部紛爭

敘利亞內戰

以色列·巴勒斯坦紛爭

伊拉克戰爭

阿富汗紛爭

緬甸的羅興亞人問

葉門內戰

查德湖地區紛爭

馬利、布吉納法索、尼日等國治安惡化

索馬利亞內戰

南蘇丹的民族衝突

奈及利亞共同紛爭

中非共和國的紛爭

喀麥隆紛爭

剛果民主共和國的紛爭

## 2 因為各種原因而被迫離開祖國生活的人

有很多人基於戰爭、紛爭、飢荒、貧窮等各種原因，被迫離開原本出身的國家成為「難民」。如今全球難民約有2590萬人。

參考資料：
UNHCR "Global Trends Forced Displacement in 2018"

全世界的難民之中
**50%**
為孩童
（每2人就有1人）

**30%**
的大人認為
教養孩子必須靠體罰

虐待孩童在日本也是相當嚴重的問題。

## 3 對孩童的虐待和暴力行為總是無法從世界上消失

在這個世界上，每10個大人之中，就有3個大人認為教養孩子得靠體罰。此外，在一項針對全世界58個國家進行的調查之中，約有17%的孩童曾經遭受過非常嚴厲的體罰。在埃及、葉門等國家，這個比例甚至超過40%。

參考資料：UNICEF報告（2014）《兒童防止暴力宣導活動報告統計版》

BORDER

# 有些人甚至不具備身為國民的基本權利？

## 1 沒有申報戶口，所以沒有辦法證明身分？

出生在開發中國家的孩童，約有一半因為父母沒有申報戶口，所以沒有辦法證明身分，繼而無法接受教育和醫療服務。

父母不申報戶口的主要理由

住處距離申報戶口的機關太遠，交通不便

不知道替孩子申報戶口的重要性

沒有申報戶口，就沒有辦法證明身分

沒有辦法接受醫療服務

沒有辦法接受學校教育

參考資料：日本UNICEF協會網站《UNICEF的主要活動領域／孩童的保護（2013）》

## 2 世界上有很多人並沒有被判刑，卻遭到監禁

原本犯罪應該要依循法律加以處罰，但是世界上的受刑人之中，卻有約30％的人並沒有經過法院判決，就被關了起來。或許有些人會認為只要做了壞事就應該被關，但為了避免不正當的逮捕和拘禁，所有的犯罪者都應該要在依循法律的前提下接受處罰。

參考資料：聯合國宣傳中心《永續發展目標報告（SDGs）2018》

## 3 為了建立公正的社會，每個人都應該參與政治

想要打造一個和平且公正的社會，每個人都必須積極參與政治，提出自己的主張，而且先進國家應該負起指責不公正現象的責任。不過在積極參與政治之前，要先多了解這個世界，明白我們的社會正在發生哪些事情。

> 今天開始，我要養成看新聞的習慣。

> 爸爸，他們為什麼要吵架？

> 日本人會積極參與政治嗎？

---

**16 總結**

世界上的孩童每9個人就有1個人生活在紛爭地區。

● 在盛行對孩童體罰的地區，有超過40％的孩童曾經遭到體罰。

● 要打造和平且公正的社會，每個人都必須積極參與政治。

學生身為國家未來的主人翁，除了念書，應該也要對自己的國家或居住地的事務抱持關心，同時理解公民參與是重要的事。像日本將主權者教育納入高中教材，讓學生學習參與社會所必需的知識。而臺灣的高中也有公民教育，增進學生參與公共生活所需要的思考、溝通等能力。

近年來，政府架設了「公

## 我們也能做到的SDGs

思考「政治」問題

共政策網路參與平臺」網站，將行政機關的政策計畫，朝向公開透明、公民參與和強化溝通之目標邁進。當中還有個功能是「參與式預算」，民眾可以透過提案，討論公部門預算編列，促進公民參與。請到此平臺上查詢是否有自己家鄉的相關提案，或是你也可以提案和大家討論想法。

▶主權者教育P123

---

在這個世界上，有很多國家並沒有盡到保護國民，尤其是保護孩童的責任。每當發生戰爭，婦女和孩童通常是首當其衝的受害者。為了讓這個世界能夠維持和平和公正，所有的民主國家必須建立更加緊密的合作關係，另一方面，如果自己的國家沒有辦法守護民主和人權，就算想要指責其他的國家，也會被認為缺乏說服

## 池上老師小教室

以選舉來實現民主主義

力。以日本為例，日本政治的最大問題就在於關心政治的人太少，選舉時的投票率太低，因此經常遭到世界上其他國家揶揄：「日本真的是民主國家嗎？」如果每個年輕人都願意投下自己的一票，政治家就沒有辦法漠視年輕人的意見和想法，因此我希望每個孩子在獲得選舉權之後，都應該關心社會，透過投票來表達自己的主張。

**17** 促進目標實現
的夥伴關係

# 理解什麼是
# ［夥伴關係］

## 17 促進目標實現的夥伴關係

# 為了實現永續發展，加強執行手段和促進全球夥伴關係

Strengthen the means of implementation and revitalize the global partnership for sustainable development

俗話說得好「幫助他人就是幫助自己」，意思是幫助他人而不求回報的行為，其實也會在不知不覺之中幫助了自己，這可說是古人流傳下來的智慧吧！

這句諺語不僅適用於我們的生活周遭，同時也能套用在世界村這個巨大的社會上。先進國家幫助開發中國家的行為，乍看之下得不到任何好處，但不管是氣候變遷問題，還是能源問題，都需要全世界所有國家攜手合作才能解決，當然開發中國家的發展和參與也是不可或缺的一環，因此對開發中國家的援助，其實也是在間接解決先進國家的問題。

在現在這個時代，沒有人能獨自活在世界上，同樣的道理，不論再怎樣強大的國家，也沒有辦法獨力解決所有問題。所以不管是國家和國家之間，還是人和人之間，都應該建立合作無間的夥伴關係。

沒有人是什麼都會的！但如果能互相幫助，大家各自發揮自己的專長，就沒有做不到的事情了。

要建立一個所有人都豐衣足食，沒有人遭到忽視，而且能永續發展的世界，是一件相當困難的事，但如果大家攜手合作，就能朝著理想邁進。

---

# 互助合作能為這個世界帶來發展

## ☐1 援助開發中國家，有助於實現永續發展的世界

先進國家在經濟方面和技術方面對開發中國家提供援助的行為，稱作「政府開發援助（ODA）」。這樣的援助不僅能幫助開發中國家，還可以讓包含先進國家在內的整個世界以對等的立場持續發展，同時讓地球的環境永續維持。

▶兩國間援助和多國間援助P123

**日本到目前為止進行過兩國間援助的比例**

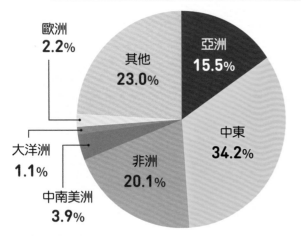

- 歐洲 **2.2**%
- 其他 **23.0**%
- 亞洲 **15.5**%
- 中東 **34.2**%
- 非洲 **20.1**%
- 大洋洲 **1.1**%
- 中南美洲 **3.9**%

參考資料：日本國際協力機構網站

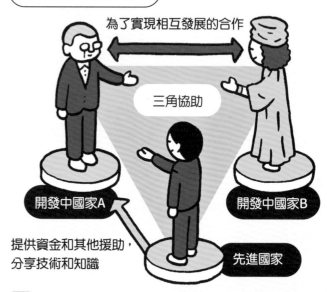

各種協助的方式

為了實現相互發展的合作

三角協助

開發中國家A　開發中國家B

提供資金和其他援助，分享技術和知識

先進國家

## ☐2 在先進國家的支援下，開發中國家之間的互助合作也很重要

為了促進開發中國家在技術面和經濟面的發展，除了先進國家的援助之外，開發中國家間的互助也很重要。如果受援助的開發中國家在資金或其他方面力有未逮，先進國家應該提供支援。

▶南北協助P123

## ☐3 對等的貿易行為為世界帶來發展

為了讓全世界在對等的立場上互相協助，追求共同的發展，必須建立一套對大家都公平貿易制度。實際的做法，可以增加開發中國家的貿易輸出量，或減輕來自開發中國家的輸入品關稅。

▶關稅P123

希望可以盡量賣到外國去。

開發中國家　先進國家

我們會減輕關稅，讓這項商品在國內更好賣。

支援
支援

只要關稅降低，在外國的銷量就會變好。

# 每個人的關心，能夠拯救世界！

## 1 新型態的投資策略可以拯救世界？

投資的時候，除了評估企業的業績之外，還要考量該企業對改善環境、人權等問題投注多少心力，這樣的投資策略稱作「ESG投資」。自從聯合國在2006年向全世界的投資家提出ESG投資的呼籲之後，許多國家都出現了這樣的風氣。

什麼是ESG投資？

**E**nvironment
環境
- 防止全球暖化
- 管理廢棄物等
- 維護生物多樣性

**S**ocial
社會
- 解決人權問題
- 女性員工的活躍度
- 商品的安全性

**G**overnance
企業治理
- 遵守規定
- 經營的透明性
- 公正的競爭

## 2 仰賴消費者努力的「良知消費」是什麼意思？

這裡的「良知」意思是「符合倫理和道德的規範」。當商品或服務在生產的過程中考慮到環境和社會，以及重視對社會的貢獻等方面，消費這樣的商品或服務就稱作「良知消費」。良知消費意味著生產者和消費者攜手合作，共同為解決種種問題而努力。

由什麼企業以什麼方式生產？

可以回收利用嗎？

是否做到節約能源？

是否使用會汙染環境的物質？

## 3 政治、經濟、家庭……理解各種不同層面的問題，並且積極投入解決的行列

夥伴關係並不見得一定是由國家和國家所建立，例如企業、地區共同體、學校、家庭等都可以締結夥伴。不同的層面存在著不同的問題，如果我們每個人都能確實理解，並且積極參與解決，必定可以成為改變社會的力量。

不管是生活周遭的問題，或地球的問題，都和我們息息相關！

---

**17**
**總結**

先進國家和開發中國家必須站在對等的立場，互相協助和合作。

除了先進國家對開發中國家之外，開發中國家之間的互相援助和多國間合作也很重要。

消費者也必須提供協助，在購買商品或消費時將環境和社會問題納入考量。

## 我們也能做到的SDGs

### 「待用」的支持力量

有時候去店家消費，可以看到店家掛有「待用餐○份」的牌子，這是指消費者去店裡用餐時，若想幫助他人，可以先預付數份餐點的金額給店家，讓生活貧困、有困難的人看到此看板，可以來店享用已預付金額的愛心待用餐。此外，「待用」的概念還可用以支持學校弱勢學生，像是待用文具箱支持弱勢學生文具用品需求；待用課程讓弱勢族群有多元學習機會。

由於科技發達，像這樣的待用資訊在網路上可以查詢到，例如eFOOD食物分享平臺，就整合了全臺灣400多間愛心店家，除了鼓勵民眾消費支持愛心店家外，同時也讓需要的朋友知道哪裡可以取得溫熱食物。

若你有能力並且願意幫助他人，下次去設有愛心待用餐的店家消費時，可以先預付待用餐費，讓需要的人得到溫飽。花費不多，卻能實質幫助他人，何樂而不為？

## 池上老師小教室

### 援助的意義

常有人問我：「日本明明也沒有錢，為什麼要援助其他國家？」事實上在第二次世界大戰結束後，日本因為戰敗的關係，曾經一度陷入糧食嚴重不足的困境，當時靠著來自世界各國的援助，日本的學校才有營養午餐可以吃，許多孩子因此存活了下來。當年蒙受恩惠的孩子，現在可能就是你的爺爺或奶奶。換句話說，如果沒有當年各國的援助，你或許不會出生在這個世界上。後來日本越來越富裕，立場也從接受援助轉變為援助各國。正因為日本多年來對東南亞國家提供援助，促進發展，讓這些國家變得富裕，所以這些國家的國民才可以大量購買日本製的產品，以及來到日本旅行。由此可知，幫助他人的行為，其實是在幫助自己。

重要關鍵字

尋找臺灣SDGs蹤跡

索引

# 重要關鍵字

▶P22
〔相對貧窮〕
是指收入相對於某個國家或地區的平均生活水準還要少的狀態。因應不同國家或地區的平均生活水準不同,其相對貧窮的基準也不一樣。

▶P23
〔絕對貧窮〕
是指沒有辦法獲得維持生命所需的基本收入,生活過得極為貧窮的狀態。絕對貧窮的標準為「每天的生活費在1.9美元(約56元臺幣)以下」。

▶P29
〔開發中國家〕
國民的收入較少,經濟和發展水準較低的國家。開發中國家大多位在亞洲、非洲和拉丁美洲,也稱作「發展中國家」。

〔先進國家〕
政治、經濟、技術、文化和生活水準皆高於國際水準的國家。「先進國家」一詞並沒有明確的定義,但很多時候指的是經濟合作暨發展組織(OECD)的成員國,而且通常是「開發中國家」的相反詞。

〔公平貿易〕
以合理的價格,持續購買開發中國家的農作物或產品,使開發中國家的生產者能夠提升地位且能獨力維持生計的貿易機制。這是一個取代過去國際協助和資金援助的新觀念。

▶P34
〔世界三大傳染病〕
病毒、細菌或寄生蟲在人體內繁殖所引發的疾病之中,最可怕的傳染病是瘧疾、愛滋病(HIV)和肺結核。

▶P35
〔文明病〕
泛指飲食不正常、缺乏運動、過度操勞、抽菸喝酒等不良生活習慣所引發的各種疾病,有時也稱作「成人病」或「生活習慣病」。

〔全民醫療衛生〕
所有國民在經濟上可以負擔的狀況下,都能夠接受各種傷病的預防、治療和復健等相關保健醫療服務,英文是「Universal Health Coverage」,縮寫為UHC。

▶P40
〔識字率〕
根據聯合國教科文組織(UNESCO)的定義,「識字率」是指15歲以上,日常生活的閱讀和書寫沒有障礙的人口比例。由於世界上有些民族的母語並沒有文字,因此識字率有時很難正確估算,但它依然是評估一個國家其教育水準的重要指標。

▶P47
〔性別落差〕
因為男女性別的差異而產生的各種地位落差。每年世界經濟論壇(WEF)都會公布每個國家的性別落差分數。

▶P58
〔化石燃料〕
是指石油、煤炭、天然氣這些由微生物屍體和枯萎植物變化成的燃料,占了目前地球上使用中的能源將近90%,可說是相當珍貴的資源。石油是汽油、燈油和塑膠的原料,煤炭和天然氣則可用來發電。

〔溫室效應氣體〕
是指包覆著地球的各種氣體之中,具有紅外線吸收能力的氣體,主要有二氧化碳、甲烷、一氧化二氮、臭氧、氯氟碳化合物等。這些氣體會吸收從地球表面輻射出的熱能(紅外線),再放射回地表,因此如果濃度太高,地球上的大氣溫度就會升高。

〔全球暖化〕
是指大量使用化石燃料,導致地球上的大氣溫度上升。根據推估,到了21世紀末,整個地球的平均氣溫會上升大約3度,海平面會上升30公分至1公尺,許多住在低窪地區的人都會被迫遷移至高地。

▶P65
〔黑心企業〕
以違法或相當惡劣的條件雇用勞工的公司企業。實際的狀況包含了工時過長、業績要求不合理、不支付薪水或加班費、騷擾行為、不遵守法令和規範等。

〔OECD〕
經濟合作暨發展組織(Organisation for Economic Cooperation and Development)的縮寫。在二次世界大戰結束之後,原本各國成立了以復興歐洲經濟為宗旨的歐洲經濟合作組織(OEEC),後來這個組織完成了其階段性的任務,為了進一步推動世界經濟的發展,因此改制為經濟合作暨發展組織(OECD)。

▶P70
〔最低度開發國家〕
在開發中國家之中，由聯合國大會所認定「發展特別落後」的國家。在認定上需要經過聯合國的決議，每隔3年會對名單進行一次重新檢討。

▶P76
〔國際稅〕
對跨越國境的經濟活動進行課稅，並利用這筆資金解決全球問題的國際性課稅制度。在2005年的達佛斯論壇（由世界各國的政經首腦共同舉行的論壇，地點在瑞士的達佛斯）上，由法國總統席哈克所提倡。國際稅的資金主要用於援助開發中國家。

▶P83
〔PM2.5（細懸浮微粒）〕
空氣中的懸浮粒子之中，直徑在25μm（1μm相當於1公釐的1000分之1）以下的超微小粒子。這是造成空氣汙染的物質之一，對人類的呼吸系統和循環系統有不良的影響。2013年，大量PM2.5從中國飄散至各國，引起了各國的高度警戒。

〔通用設計〕
「通用」的意思是「普遍的、全體的」。通用設計指的是產品或建築物的設計能夠讓大多數的人使用，不會因為年齡、性別、語言、文化的差異或身心障礙而受限。通用設計的英文是Universal Design，縮寫為「UD」。

▶P89
〔生態足跡〕
將特定地區的經濟活動規模，換算成土地和海洋的表面積，用來代表該經濟活動對自然環境的依賴程度，也可以從中看出人類的活動對地球造成多大的負擔。

〔產品生命週期〕
指某產品從取得原料、製造、流通、販賣、使用、拋棄、回收利用的整個過程。

▶P95
〔《巴黎協定》〕
在2015年的12月，簽署於法國巴黎的協定。這個協定決定了世界各國在2020年之後將採取何種行動來解決全球暖化問題。世界上所有的國家都參與了這個協定，目標是讓全世界的平均氣溫上升幅度，抑制在比工業革命前高出1.5度之內。但是到了2017年，美國總統川普宣布退出，而後拜登繼任總統則又再次重返《巴黎協定》。

▶P107
〔生物多樣性〕
指地球上各種不同生物的存在狀態，或指這些生物代代傳承的狀態。我們人類也生活在地球上的生態系之中，若是因人口增加和過度開發導致喪失生物多樣性，生態系就會失去平衡，最後人類可能會無法取得生存所需要的足夠食物和藥物。

▶P108
〔里地里山〕
指人類的聚落和環繞其間的農地、水池、草原等區域，主要的涵義為農村居民在漫長的歲月裡持續管理和共存共生的自然環境。里地里山的景色常被稱作「日本的故鄉景致」，但如今這些景色正在逐漸消失。

▶P114
〔主權者教育〕
所謂「主權者」，是指國家主權的擁有者，也就是國民。而主權者教育，就是對身為主權者的國民進行教育，使國民能認真思考社會所發生的種種事情，不再抱持隔岸觀火的心態。日本在2016年將投票權下修至18歲，也更突顯了主權者教育的重要性。

▶P118
〔兩國間援助和多國間援助〕
以國家為主體的援助行為，可分為兩國間援助和多國間援助。「兩國間援助」指的是單一的先進國家對開發中國家提供不求回報的援助，可能是資金的援助，也可能是派遣專家和提供器械資源等技術上的援助。而「多國間援助」指的則是多個先進國家提供資金給聯合國兒童基金會（UNICEF）之類的國際機構，間接向開發中國家提供融資。

〔南北協助〕
先進國家大多位在地球的北側（北半球），而開發中國家大多位在地球的南側（南半球）。南北兩側的國家在各方面皆有明顯的落差。為了消除這種狀況，北半球的先進國家應該盡可能援助南半球的開發中國家，這就是南北協助的宗旨。

〔關稅〕
指外國產品進口至國內時徵收的稅金。徵收關稅會讓外國輸入品的價格變高，因此能夠發揮保護本國產業的效果。反過來說，當想要援助開發中國家時，可以降低或取消對該國產品課徵的關稅，這麼一來，該國產品就能賣得比較好。

**重要關鍵字**

# 尋找臺灣SDGs蹤跡

　　相信大家近年來或多或少都感受到我們居住的環境好像不太一樣了，例如每年夏季常會侵臺的颱風，這幾年卻總是過門而不入；夏天越來越炎熱、冬季則常出現霾害；還有物價上漲、環境汙染、全球暖化，以及各種民生、經濟、平權、教育等問題，這樣下去，我們的地球將會產生難以挽回的局面。

　　因此聯合國於2000年起，每15年提出一次人類邁向永續發展所需要面對的課題，2000年提出8個目標，稱為千禧年目標，而2015年則將永續發展列入關鍵核心，提出17個項目，也就是本書所探討的SDGs，這是全人類需要共同正視的課題。

## 臺灣在地化的永續目標

　　臺灣雖然不是聯合國會員，但同樣身為地球上的一份子，當然也要善盡地球村村民之責，與各國攜手合作，一起邁向永續發展。為此，2018年由行政院國家永續發展委員會，依循SDGs的目標和精神，研擬臺灣永續發展目標，分別如下：

**核心目標01** 強化弱勢群體社會經濟安全照顧服務

**核心目標02** 確保糧食安全，消除飢餓，促進永續農業

**核心目標03** 確保及促進各年齡層健康生活與福祉

**核心目標04** 確保全面、公平及高品質教育，提倡終身學習

**核心目標05** 實現性別平等及所有女性之賦權

**核心目標06** 確保環境品質及永續管理環境資源

**核心目標07** 確保人人都能享有可負擔、穩定、永續且現代的能源

**核心目標08** 促進包容且永續的經濟成長，提升勞動生產力，確保全民享有優質就業機會

**核心目標09** 建構民眾可負擔、安全、對環境友善，且具韌性及可永續發展的運輸

**核心目標10** 減少國內及國家間不平等

**核心目標11** 建構具包容、安全、韌性及永續特質的城市與鄉村

**核心目標12** 促進綠色經濟，確保永續消費及生產模式

**核心目標13** 完備減緩調適行動以因應氣候變遷及其影響

**核心目標14** 保育及永續利用海洋生態系，以確保生物多樣性，並防止海洋環境劣化

**核心目標15** 保育及永續利用陸域生態系，以確保生物多樣性，並防止土地劣化

**核心目標16** 促進和平多元的社會，確保司法平等，建立具公信力且廣納民意的體系

**核心目標17** 建立多元夥伴關係，協力促進永續願景

除了從聯合國**SDGs**延伸出來臺灣在地實踐目標之外，還因地制宜增加一項：**核心目標18** 逐步達成環境基本法所訂非核家園目標。上述這些目標是臺灣回應**SDGs**在地實踐的取徑。

為了了解推動成效，國際上不同國家會以**SDGs**項目來盤點國家現況，稱作「國家自願檢視報告」（Voluntary National Reviews, 簡稱VNR）。而臺灣也在2017年首次發布VNR，2022年提出第二版，將報告項目聚焦在永續發展的經濟、社會與環境等方面，同時也回應疫情、淨零碳排等跨域整合。而地方政府也各自提出檢視報告，例如桃園市2020年就勘查市內**SDGs**發展現況，朝向「友善共好，永續樂活」的願景前進。

### ▍臺灣企業與教育的SDGs意識抬頭

如今在臺灣亦有許多企業，也逐漸意識到**SDGs**的關鍵與重要性，理解自身的義務，透過環境（E，environment）、社會（S，social）與公司治理（G，governance）來實踐ESG永續的社會責任，像是節能減碳檢塑、保護生態環境等。而社會創業本質是透過創業來回應與解決社會議題，臺灣長年辦理的TiC100社會創新實踐家，也是以**SDGs**為關鍵回應課題。

而最後回到教育，聯合國強調教育是實踐永續發展關鍵途徑，國際上也有很多學校與老師投入推動永續發展教育或是**SDGs**教育實踐。而在臺灣目前十二年國教的素養推動和**SDGs**的精神有許多相符合之處，因此逐漸在國民教育中小學以及高等教育開展推動。

如同**SDGs**核心價值所描述，不能讓任何一個人落後，臺灣在全人類共同邁向永續發展道路上，需要和大家一起共同面對，攜手同行。

——何昕家（臺中科技大學通識教育中心副教授）

# 索引

4R ……………………………… 13,89

ESG投資 ……………………… 119

LGBT ………………………… 48

PM2.5（細懸浮微粒） ……… 83,123

SDGs …… 7,8,10,11,12,15,16,18,24,63

【2畫】

二氧化碳 …………… 17,18,60,95

人口增加 …………………… 28,64

人性化的工作 ……………… 63,66

【3畫】

女性主管 …………………… 65

川普總統 ………………… 60,123

工作型態 ………………… 63,65

【4畫】

不公平／不平等 …… 16,47,75,76,77,78

公平貿易 ………………… 29,122

公正 …………………… 111,113,114

化石燃料 ………… 58,59,60,88,122

天然災害 ………………… 17,94,96

太陽光能源 ……………… 59,60

少子高齡化 ……………… 84

巴黎協定 ……………… 60,95,123

文明病 ………………… 35,122

水 ……………………… 14,15,
16,39,49,50,51,52,53,54,69,70,72,88,102

水力能源 ………………… 59

水資源不足 ……………… 52

火耕農業 ………………… 52

【5畫】

世界三大傳染病 ………… 34,122

主權者教育 ……………… 114,123

可再生能源 ……………… 59

外來種 …………………… 106,107

失業人口 ………………… 64

平均氣溫 ………………… 93,94

平等 …………… 16,45,46,75,76,77,78

打水 ……………… 14,15,39,52

民主 ……………………… 114

永續發展
…… 7,8,12,18,29,63,81,83,99,111,117,118

生物可分解塑膠 ………… 14,17

生物多樣性 …… 105,107,119,123

生物多樣性熱點 ………… 107

生物能源 ………………… 59

生產
… 17,29,30,70,71,85,87,88,89,90,108,119

生態系 ……………… 105,106,107

生態足跡 ……………… 89,123

申報戶口 ………………… 113

【6畫】

伊波拉出血熱 …………… 36

先進國家 ………… 29,35,39,41,42,
45,46,47,60,70,89,95,117,118,119,122

全民醫療衛生 …………… 35,122

全球暖化
…… 17,18,36,57,58,60,94,95,96,119,122

吉尼係數 ………………… 78

回收再利用 ……………… 14,89

地熱能源 ………………… 59

有機棉花 ………………… 90

汙水下水道 ……………… 53,72

自來水 …………… 14,15,53,54,70,72

【7畫】

投票 ……………………… 114

沙漠化 …………………… 18,105

災害避難地圖 …………… 96

男性優勢 ………………… 46

良知消費 ………………… 119

身心障礙者運動會 ……… 78

里地里山 ……………… 108,123

【8畫】

兒童食堂 ………………… 16

兩國間援助和多國間援助 …… 118,123

和平 ……… 18,30,109,111,113,114

垃圾 …… 12,13,14,17,18,83,89,99,101,102

性別歧視 ………………… 45,48

性別落差 ……………… 47,122

性壓榨 …………………… 64

拒絕 ……………………… 14,89

歧視 …… 16,40,45,46,48,65,75,77

法律 …………………… 111,113

社會性別 ……………… 45,47,48

肺結核 …………………… 34

【9畫】

南北協助 ……………… 118,123

孩童貧窮問題 …………… 15

建立城鄉 ……………… 81,83

政府開發援助（ODA）……… 118

相對貧窮 ……… 16,22,78,122

紅皮書 …………………… 108

重複使用 ………………… 14,89

風力能源 ………………… 59

食物耗損 ……… 12,13,30,88

【10畫】

差距 …………………… 77,78

氣候變遷 …… 17,28,52,88,93,95,117

浪費 ⋯⋯⋯⋯⋯⋯⋯⋯⋯ 87,88,89
海洋汙染 ⋯⋯⋯⋯⋯⋯⋯⋯ 101
海鮮 ⋯⋯⋯⋯⋯⋯⋯⋯⋯⋯ 99,100
消費 ⋯⋯⋯⋯⋯⋯⋯⋯⋯ 87,88,89
紛爭 ⋯⋯⋯⋯⋯⋯⋯⋯ 75,111,112
能源 ⋯⋯ 17,55,57,58,59,60,95,117,119,
蚊子 ⋯⋯⋯⋯⋯⋯⋯⋯⋯⋯ 36
飢餓 ⋯⋯⋯⋯ 13,15,16,25,27,28,29,30

【11畫】
乾旱 ⋯⋯⋯⋯⋯⋯⋯⋯⋯⋯ 94
健康 ⋯⋯⋯ 16,31,33,35,72,90,101
健康保險 ⋯⋯⋯⋯⋯⋯⋯⋯ 16
參與政治 ⋯⋯⋯⋯⋯⋯⋯⋯ 113
國際協力機構（JICA）⋯⋯ 11,12
國際稅 ⋯⋯⋯⋯⋯⋯⋯⋯ 76,123
基礎建設 ⋯⋯⋯⋯⋯ 67,69,70,71,72
強迫勞動 ⋯⋯⋯⋯⋯⋯⋯⋯ 64
強迫結婚 ⋯⋯⋯⋯⋯⋯⋯⋯ 64
教育 ⋯⋯⋯⋯⋯⋯ 14,15,16,24,30,
35,37,39,40,41,42,47,51,52,53,64,76,113
產品生命週期 ⋯⋯⋯⋯⋯ 89,123
異常氣候 ⋯⋯⋯⋯⋯⋯⋯⋯ 94
貧民窟 ⋯⋯⋯⋯⋯⋯⋯⋯⋯ 82
貧窮 ⋯⋯⋯⋯⋯⋯ 15,16,19,21,22,23,
24,30,35,36,40,51,64,66,78,82,112,120
通用設計 ⋯⋯⋯⋯⋯⋯⋯ 83,123
都市 ⋯⋯⋯⋯⋯⋯⋯⋯ 81,82,83,84

【12畫】
創新 ⋯⋯⋯⋯⋯⋯⋯⋯⋯ 17,72
勞動 ⋯⋯⋯⋯ 29,42,52,64,65,66,90
勞動改革 ⋯⋯⋯⋯⋯⋯⋯ 17,65
廁所 ⋯⋯⋯⋯⋯⋯⋯⋯⋯ 16,70

最低度開發國家 ⋯⋯⋯⋯ 70,123
森林砍伐 ⋯⋯⋯⋯⋯⋯ 28,52,106
森林資源 ⋯⋯⋯⋯⋯⋯⋯ 52,88
減少 ⋯⋯⋯⋯⋯⋯⋯⋯⋯ 13,14,89
渡渡鳥 ⋯⋯⋯⋯⋯⋯⋯⋯⋯ 108
無國界醫生 ⋯⋯⋯⋯⋯⋯⋯ 36
盜獵 ⋯⋯⋯⋯⋯⋯⋯⋯⋯⋯ 106
稅金 ⋯⋯⋯⋯⋯⋯⋯⋯⋯⋯ 76
童工 ⋯⋯⋯⋯⋯⋯⋯⋯⋯⋯ 90
絕對貧窮 ⋯⋯⋯⋯⋯ 16,23,78,122
虛擬水 ⋯⋯⋯⋯⋯⋯⋯⋯⋯ 54
買賣人口 ⋯⋯⋯⋯⋯⋯⋯⋯ 64
貿易 ⋯⋯⋯⋯⋯⋯⋯⋯ 29,71,118
開發中國家
⋯⋯ 10,14,15,16,29,33,34,35,45,46,47,
60,63,64,78,81,105,113,117,118,119,122
韌性 ⋯⋯⋯⋯⋯⋯⋯⋯⋯ 69,71,81
黑心企業 ⋯⋯⋯⋯⋯⋯ 65,66,122

【13畫】
塑膠垃圾 ⋯⋯⋯⋯⋯ 13,18,101,102
愛滋病（HIV）⋯⋯⋯⋯⋯⋯ 34
溫室效應氣體 ⋯⋯⋯⋯ 58,94,95,122
滅絕 ⋯⋯⋯⋯⋯ 93,100,105,106,108
節約用水 ⋯⋯⋯⋯⋯⋯⋯⋯ 54
經濟合作暨發展組織（OECD）⋯⋯
⋯⋯⋯⋯⋯⋯⋯⋯⋯⋯ 65,122
經濟成長 ⋯⋯⋯⋯⋯⋯⋯ 17,61,71
義務教育 ⋯⋯⋯⋯⋯⋯⋯⋯ 16
腹瀉 ⋯⋯⋯⋯⋯⋯⋯⋯⋯ 15,35,52
葛莉塔・通貝里 ⋯⋯⋯⋯⋯ 17
過勞死 ⋯⋯⋯⋯⋯⋯⋯⋯ 17,63
電力 ⋯⋯⋯⋯⋯⋯⋯ 17,58,60,79

【14畫】
夥伴關係 ⋯⋯⋯⋯ 18,115,117,119
漁業 ⋯⋯⋯⋯⋯⋯⋯⋯⋯⋯ 100
漁獲量 ⋯⋯⋯⋯⋯⋯⋯⋯⋯ 100
瘧疾 ⋯⋯⋯⋯⋯⋯⋯⋯ 34,35,36
網路 ⋯⋯⋯⋯⋯⋯⋯ 70,114,120

【15畫】
憂鬱症 ⋯⋯⋯⋯⋯⋯⋯⋯⋯ 35
閱讀和書寫 ⋯⋯⋯⋯⋯⋯ 14,24,40
養殖 ⋯⋯⋯⋯⋯⋯⋯⋯⋯ 99,102

【16畫】
學校 ⋯⋯⋯⋯⋯⋯ 14,15,24,30,39,40,
41,42,46,48,60,63,70,75,90,113,119,120
戰爭 ⋯⋯⋯⋯⋯⋯⋯⋯⋯ 111,112
諾貝爾和平獎 ⋯⋯⋯⋯⋯⋯ 36

【17畫】
濫捕 ⋯⋯⋯⋯⋯⋯⋯⋯⋯ 106,108
營養午餐 ⋯⋯⋯⋯⋯ 15,27,30,120
環保杯 ⋯⋯⋯⋯⋯⋯⋯⋯⋯ 102
環保消費 ⋯⋯⋯⋯⋯⋯⋯⋯ 89
環保產品 ⋯⋯⋯⋯⋯⋯⋯⋯ 89
聯合國 ⋯⋯⋯⋯⋯⋯ 7,8,17,119

【18畫】
醫療 ⋯⋯⋯⋯⋯ 33,34,35,36,76,113

【19畫】
瀕臨滅絕物種 ⋯⋯⋯⋯⋯ 106,108
識字率 ⋯⋯⋯⋯⋯⋯⋯⋯ 40,122
關稅 ⋯⋯⋯⋯⋯⋯⋯⋯⋯ 118,123
難民 ⋯⋯⋯⋯⋯⋯⋯⋯ 24,96,112

【23畫】
體罰 ⋯⋯⋯⋯⋯⋯⋯⋯⋯⋯ 112

### 監修：池上彰

1950年出生於日本長野縣，畢業於慶應義塾大學經濟學部。1973年進入NHK工作，自1994年起擔任「週刊兒童新聞」的爸爸角色長達11年的時間。2005年起成為自由媒體工作者，積極投入各種活動。擅長以幽默的口吻、淺顯易懂的方式解說世界是如何運作或是奇妙現象，在電視節目中頗受好評。

### 翻譯：李彥樺

日本關西大學文學博士，曾任東吳大學日文系兼任助理教授，譯作涵蓋科學、文學、財經、實用書、漫畫等領域，在小熊出版譯有《小學生的STEAM生活實踐場：我是小小修理師（全套3冊）》、《NHK小學生自主學習科學方法（全套3冊）》、《好奇孩子大探索：危機就是轉機，古生物生存圖鑑》、《歡迎光臨恐龍統治的世界：穿越一億六千萬年，令你知識淵博的恐龍圖鑑》等作品。

### 審訂：何昕家

臺中科技大學通識教育中心副教授。臺灣師範大學環境教育研究所博士畢。研究橫跨建築、都市計畫、環境教育等領域，15年前因聯合國永續發展教育十年計畫投入永續發展教育研究，進而積極投入聯合國永續發展目標之臺灣在地教育實踐。透過工作坊、文章、書籍、研究等不同取徑，支持第一線老師將永續發展理念帶給學生。這是身為老師的世代傳承與責任：學生的未來就是現在的教育，永續發展是關鍵的內涵。

閱讀與探索

世界原來離我們這麼近
## SDGs 愛地球行動指南

監修：池上彰｜翻譯：李彥樺｜審訂：何昕家（臺中科技大學通識教育中心副教授）

總編輯：鄭如瑤｜主編：施穎芳｜協力主編：劉子韻｜美術編輯：李鴻怡
行銷副理：塗幸儀｜行銷助理：龔乙桐
出版與發行：小熊出版‧遠足文化事業股份有限公司
地址：231 新北市新店區民權路 108-3 號 6 樓
電話：02-22181417｜傳真：02-86672166
劃撥帳號：19504465｜戶名：遠足文化事業股份有限公司
Facebook：小熊出版｜E-mail：littlebear@bookrep.com.tw

讀書共和國出版集團
社長：郭重興｜發行人：曾大福
業務平臺總經理：李雪麗｜業務平臺副總經理：李復民
實體通路暨直營網路書店組：林詩富、陳志峰、郭文弘、賴佩瑜、王文賓、周宥騰
海外暨博客來組：張鑫峰、林裴瑤、范光杰
特販組：陳綺瑩、郭文龍｜印務部：江域平、黃禮賢、李孟儒
讀書共和國出版集團網路書店：www.bookrep.com.tw
客服專線：0800-221029｜客服信箱：service@bookrep.com.tw
團體訂購請洽業務部：02-22181417 分機 1124
法律顧問：華洋法律事務所／蘇文生律師｜印製：凱林彩印股份有限公司
初版一刷：2023 年 02 月｜初版三刷：2023 年 04 月｜定價：500 元
ISBN：978-626-7224-31-1（紙本書）、9786267224304（EPUB）、9786267224298（PDF）
書號：0BNP1054

國家圖書館出版品預行編目(CIP)資料

世界原來離我們這麼近：SDGs愛地球行動指南/池上彰監修；李彥樺翻譯. -- 初版. -- 新北市：小熊出版：遠足文化事業股份有限公司發行, 2023.02
128面；22 x 25.7公分. -- (閱讀與探索；OBNP1054)
ISBN 978-626-7224-31-1(精裝)

1.CST: 環境保護 2.CST: 永續發展 3.CST: 環境教育

445.99                                   111020425

版權所有‧翻印必究　缺頁或破損請寄回更換
特別聲明　有關本書中的言論內容，不代表本公司 / 出版集團之立場與意見，文責由作者自行承擔。

世界がぐっと近くなる　ＳＤＧｓとボクらをつなぐ本
池上彰‧監修 モドロカ‧絵
Sekai ga Gutto Chikakunaru SDGs to Bokura wo Tsunagu Hon
© Gakken
First published in Japan 2020 by Gakken Plus Co., Ltd, Tokyo
Traditional Chinese translation rights arranged with Gakken Plus Co., Ltd.
through Future View Technology Ltd.

小熊出版讀者回函　　小熊出版官方網頁